BMW GS

Die Erfolgsstory der Offroad-Legende

Phil West

BMW GS

Die Erfolgsstory der Offroad-Legende

HEEL

IMPRESSUM

HEEL Verlag GmbH
Gut Pottscheidt
53639 Königswinter
Telefon 0 22 23 / 92 30-0
Telefax 0 22 23 / 92 30 13
info@heel-verlag.de
www.heel-verlag.de

Der Originaltitel „BMW GS – THE COMPLETE STORY" ist erschienen bei:
The Crowood Press Ltd
Ramsbury, Marlborough
Wiltshire SN8 2HR

Deutsche Übersetzung: Manfred Kolb
Lektorat: Maggie S. Zimpel

Umsetzung der deutschen Ausgabe: Axel Mertens, HEEL Verlag

Fotonachweis:
© BMW AG, München, mit freundlicher Unterstützung von BMW Motorrad

Printed in Croatia

ISBN 978-3-95843-500-1

Inhalt

Danksagungen

Ein Buch zu schreiben, ist wie eine Reise zu unternehmen und treffenderweise (schließlich handelt dieses Buch von einem der beliebtesten Reisemotorräder) war dieses Buch bis zu seiner Fertigstellung länger unterwegs als die meisten anderen.

Zuerst möchte ich Hannah Shakespeare und der gesamten Belegschaft von Crowood Press für ihre Geduld und Ausdauer danken. Außerdem danke ich Scott Grimsdall, Pressesprecher von BMW Motorrad in GB, für all seine Unterstützung.

Meine eigene Motorradkarriere begann bei Wests in Lincoln, einer alteingesessenen familiengeführten Reparaturwerkstatt, in der mein Vater in den 1970er Jahren arbeitete. Die in den Ausstellungsräumen präsentierten Suzuki-Modelle wie TS100, GT380 usw. mit ihren Metallic-Lackierungen riefen bei mir ehrfurchtsvolle Bewunderung hervor und waren die Initialzündung für mein erstes Motorrad im späten Teenager-Alter. Eines Tages brachte mein Vater eine gut gebrauchte schwarze Honda CB125T mit nach Hause. Seitdem brachten mich zwei Räder sowohl geografisch als auch emotional in Regionen, von denen ich sonst nur hätte träumen können. Mein Vater Lawrence West starb 2003. Er war ein großartiger Mensch.

Heute bin auch ich Vater, und selbst wenn meine Söhne Thomas und Olly mit Motorrädern bisher noch nichts im Sinn haben (ich weiß nicht, ob es je soweit kommen wird): Wenn sie irgendwann ihre eigene Abenteuerlust entwickeln, ganz zu schweigen von einer Liebe zu Büchern – und hier weiß ich, dass ich sie fast soweit habe – dann werde ich stolz sein.

Tatsächlich bin ich es bereits. Ich weiß, wie sie mit mir gefühlt haben, als ich mich mit diesem Buch abmühte – Jungs, Euch widme ich es!

Schließlich möchte ich mich bei meiner großartigen Frau Sarah bedanken. Ohne ihre Geduld und Unterstützung, ihren aufbauenden Humor und ihre schier unendliche Belastbarkeit während all dieser Monate Zweifel ich dass ich dieses Buch je hätte schreiben können.

GEGENÜBERLIEGENDE SEITE: Ein Sondermodell der R 1200 GS mit grauer Lackierung.

GS
BMW

Vorwort

Als eine kleine verschworene Gruppe geländesportbegeisterter BMW-Ingenieure den ersten Prototyp zusammenschraubte, aus dem Ende der 1970er Jahre die Ur-GS, das Modell R 80 G/S, hervorging, dachte keiner von ihnen im Traum daran, wie unglaublich erfolgreich und bedeutend ihr „Baby“ einmal werden würde.

Tatsächlich waren die äußerst vielseitigen Motorräder der GS-Dynastie von BMW wegweisend und zählen daher wohl zu den erfolgreichsten und bekanntesten Maschinen aller Zeiten.

Die 1980 vorgestellte R 80 G/S steht am Beginn der langen GS-Baureihe, die heute mit dem Modell R 1200 GS und ihrem „Adventure“-Ableger weitergeführt wird. Das Konzept des hubraumstarken geländetauglichen Motorrads (vor dem Erscheinen der G/S mit 800 cm³ Hubraum war die Yamaha XT500 die größte angebotene Enduro) hat zu einer eigenen Kategorie von Abenteuer-Motorrädern oder „Monster-Enduros“ geführt, in der praktisch jeder Motorradhersteller vertreten ist. Die Vielseitigkeit der GS-Modelle kennt keine Grenzen. Dabei reicht die Bandbreite des Einsatzgebietes vom Abspulen vieler Autobahnkilometer bis hin zu Reisen in Länder ohne befestigte Wege – inklusive allem, was dazwischen liegt – die GS steht für das ultimative Allzweck-Motorrad. Der Weltenbummler Charley Boorman bezeichnet sie als den „Land Rover unter den Motorrädern“.

Schon von Anfang an war es eine Erfolgsgeschichte: Vom ersten Modell wurden mehr als doppelt so viele Einheiten verkauft als ursprünglich erwartet. Heute ist, wie schon seit einigen Jahren, die GS das meistverkaufte hubraumstarke Motorrad in Deutschland und weiteren europäischen Ländern.

Seit mehr als 30 Jahren nimmt die BMW GS eine herausragende Stellung in der Motorradwelt ein. Sie hat Kritiker überzeugt, Rallyes gewonnen, wurde die erste Wahl für die Globetrotter – und diejenigen, die es gerne sein möchten – und blieb dabei ein uneingeschränkt alltagstaugliches Motorrad.

Der Weg dorthin wird in diesem Buch beschrieben.

Phil West
August 2014

ANMERKUNG: BMW baut mittlerweile auch GS-Modelle für Einsteiger (G 650 GS) und für die Mittelklasse (F 800 GS), aber dieses Buch befasst sich nur mit den großen R-Modellen mit Boxermotor.

GEGENÜBERLIEGENDE SEITE: Die R 1200 GS, Modelljahr 2013

NYF 73L
HONDA
HONDA

KAPITEL 1

Die Vor-GS-Jahre (1975 – 1979)

Wegweisende Kreationen fallen nicht vom Himmel, daher ist es durchaus naheliegend, dass auch die Erschaffung der ersten BMW G/S das Werk eines klugen Kopfes war. So feiert die Automobilwelt Ferdinand Porsche für seinen VW Käfer, Alec Issigonis und seinen revolutionären Mini, Colin Chapman als treibende Kraft bei Lotus. Die Motorradwelt ehrt Edward Turner für seine Triumph Bonneville, Tadao Baba von Honda als Mr. Fireblade oder Massimo Tamburini für die traumhafte Ducati 916.

Aber die BMW G/S hat keine richtige Vaterfigur; es steckt kein genialer Schöpfergeist dahinter. Tatsächlich gab es auch keine klare Vision oder Inspiration für dieses Modell. Stattdessen war es mehr das Ergebnis eines Befreiungsschlags, der – wie BMW heute freimütig zugibt – von einer erheblichen Portion Glück begleitet war.

Völlig verständlich ist auch die Annahme, dass die Vorstellung des ersten GS-Modells, der R 80 G/S, ein Paukenschlag gewesen sein muss. Natürlich war das Modell der Grundstein einer völlig neuen BMW-Dynastie und ließ in der Folge eine völlig neue Motorradkategorie entstehen. Es entwickelte sich zum Bestseller und wurde durch seine 30-jährige Erfolgsgeschichte zum Inbegriff dieser Marke. So ist eigentlich davon auszugehen, dass ihr damals freudig erregt entgegengefiebert wurde. Das war aber nicht der Fall: die GS polarisierte. Sie wurde zuerst als Sonderling angesehen und ohne viel Aufhebens eher zurückhaltend vorgestellt. Nicht wenige betrachteten sie als seltsames Unikum und lehnten sie ab. Aber so verhält es sich oft bei wegweisenden Entwürfen: Sie faszinieren durch Befremden.

DIE „ENDURO“ WIRD GEBOREN

Um die Situation beim Erscheinen der G/S richtig verstehen zu können, welche Überraschung sie hervorrief und welchen extremen Gegensatz sie zu den damals aktuellen Motorradmodellen darstellte, muss man den Motorradmarkt der späten 1970er Jahren betrachten und welche Rolle BMW dabei spielte. Vor der Markteinführung der G/S steckte das Konzept des geländetauglichen Straßenmotorrads, im englischen Sprachgebrauch als „Trail Bike“ oder „Scrambler“ bezeichnet, noch in den Kinderschuhen.

Zwar gab es seit Jahrzehnten schon reine Wettbewerbsmotorräder für den Einsatz abseits befestigter Straßen, wie z. B. Moto Cross- oder Trial-Maschinen bzw. die noch spezielleren Sand- oder Grasbahnrenner, aber das erste wirkliche „Mehrzweck“-Motorrad mit Viertaktmotor, die XL250 von Honda, erschien erst 1972.

Die kleine Honda war auf Anhieb ein großer Erfolg und besonders in den USA als „Spaß“-Motorrad sehr populär. Natürlich schlief die übrige japanische Konkurrenz nicht und schon bald erschienen weitere, ähnlich gestrickte Modelle im Scrambler-Stil mit einem kleinvolumigen Einzylindermotor, langen Federwegen und dem Nötigsten für den Straßenbetrieb.

Die nächste Evolutionsstufe leitete 1975 Yamaha mit seiner XT500 ein. Sie war die erste der damals so genannten „großen“ Viertakt-Enduros und zu dieser Zeit galt diese Motorgröße als Grenze des Machbaren in dieser Kategorie. Außerdem schien sie mehr als genug Leistung zu haben. Ein Einzylinder-Motor mit mehr Hubraum wäre zudem schwerer und würde stärker vibrieren, was für den Geländeeinsatz und Straßenbetrieb nicht gerade vorteilhaft ist. Einen Motor mit mehr als einem Zylinder in eine Enduro einzubauen, galt damals als völlige Schnapsidee.

Und wo stand hier nun BMW? Ganz einfach: Nirgendwo. Bis Ende der 1970er Jahre hatte die bayerische Traditionsmarke ein sehr gesetztes Image, was nicht zuletzt auf das Modellprogramm mit seinen gediegenen Tourenmotorrädern zurückzuführen war. Dass die Münchner eine leichte Enduro bauen würden, erschien ebenso unwahrscheinlich wie die Entwicklung eines kraftstrotzenden Supersport-Motorrads.

Allerdings hatte BMW angesichts der steigenden Modellvielfalt und den technischen Finessen der japanischen „Big Four“ mit zunehmenden Absatzschwierigkeiten zu kämpfen. Nachdem Honda, Yamaha, Suzuki und Kawasaki in den

GEGENÜBERLIEGENDE SEITE: Mit der XT500 legte Yamaha 1975 die Messlatte für großvolumige Enduros höher und übertrumpfte damit die Honda deutlich.

Mit der XT500 legte Yamaha 1975 die Messlatte für großvolumige Enduros höher und übertrumpfte damit die Honda deutlich.

1960er Jahren in den kleinen Hubraumklassen dominiert hatten, drangen sie in den 70ern mit großvolumigen Motorrädern zunehmend in das Jagdrevier von BMW ein.

Neben den Vierzylinder-Boliden wie der Honda CB750, Kawasaki Z900 oder Suzuki GS1000 gab es von den Japanern viele weitere Modelle für jeden Geschmack und Geldbeutel. Sie besetzten praktisch jede Marktnische. BMW mit seinem angestaubten Image und teuren Motorrädern, die von einem altmodischen, luftgekühlten Boxermotor mit Kardanwelle angetrieben wurden, steckte plötzlich in großen Schwierigkeiten. Kurz – etwas Neues musste her, das Aufmerksamkeit erregte und bezahlbar war – und zwar schnell.

DIE ENDURO-SZENE

Glücklicherweise konnte BMW doch noch etwas mehr vorweisen als hohe Preise und einen etwas ergrauten Markenauftritt. Obwohl der deutsche Hersteller offiziell niemals geländetaugliche Motorräder im Angebot hatte, war der Geländesport kein Neuland – tatsächlich war BMW hier seit über 50 Jahren aktiv. In den 1920er und 1930er Jahren hatte man recht erfolgreich an Sechs-Tage-Fahrten teilgenommen, die als Langstrecken- bzw. Zuverlässigkeitsveranstaltung des Geländesports galten. In den 1950er und 1960er Jahren konnten dort mehr als genug Pokale eingeheimst werden. Der Erfolg setzte sich bis in die frühen 1970er Jahre fort, als das Unternehmen eine Reihe von „Werksmaschinen" baute, um damit in der deutschen Geländesportmeisterschaft in der Klasse über 500 cm³ und beim prestigeträchtigen International Six Days Trial anzutreten.

In dieser Zeit begann auch die beeindruckende Karriere eines deutschen Fahrers: Herbert Schek war mit seiner Größe von über 2 Metern nicht nur eine hünenhafte Gestalt, er dominierte auch mit seinem Fahrkönnen die einheimische Geländesportszene. Mit einem Werksmotorrad von BMW, das auf einer R 75 basierte, gewann er 1970 und 1971 die Deutsche Meisterschaft. Nach dem Rückzug des Werks setzte er 1972 seinen eigenen BMW-Umbau ein und gewann prompt wieder.

Natürlich konnte diese Erfolgsserie nicht ewig andauern. Mit der 500 cm³ großen Zweitakt-Maico des gleichnamigen Herstellers aus dem schwäbischen Pfäffingen tauchte ein übermächtiger Gegner auf, der für die nächsten Jahre in dieser Kategorie dominieren sollte.

Allerdings blieb BMW auch während Maicos Vorherrschaft präsent: Rüdiger Gutsche, ein Fahrwerks-Ingenieur von BMW, baute 1975 ebenfalls eine R 75/5 zu einer Enduro um und war damit in der deutschen Geländesportszene sowohl als Teilnehmer als auch als Streckenmarschall vertreten. Daneben gab es noch etliche weitere Enthusiasten.

Die Enduro-Begeisterung bei BMW wuchs analog zum Verkaufserfolg der Semi-Geländemotorräder wie z. B. der Honda XL250 und der Yamaha XT500. Das Problem war, dass BMW nichts dergleichen im Angebot hatte. Wenn man nur etwas hätte, um gegen die Japaner antreten zu können, wären die Absatzschwierigkeiten vielleicht gelöst. Der Wille war absolut vorhanden, jetzt musste noch der Weg gefunden werden.

Nun kam ein neuer Aspekt ins Spiel: Die Dominanz der Zweitakt-Maicos in der Deutschen Geländesportmeisterschaft in der Klasse bis 750 cm³ mit der einhergehenden Deklassierung von BMW führte zu einer Änderung des Regelwerks, das nun eine neue Klasse über 750 cm³ vorsah. Diese war für BMW sozusagen maßgeschneidert. Zwar war diese Neuregelung nicht die Initialzündung für eine straßentaug-

RECHTS: Da BMW keine Enduros anbot, waren entsprechend modifizierte Straßenmotorräder im Geländesport recht verbreitet. Kurt Distler nahm mit seinem Umbau 1968 am International Six Days Trial (ISDT) teil.

UNTEN: Seit den 1960er Jahren zählte Herbert Schek mit seinen modifizierten BMW-Boxern zu den erfolgreichsten Geländesportfahrern.

Der erste werkseitige Schritt in Richtung Boxer-Enduro war eigentlich keine richtige BMW. Der italienische Hersteller Laverda wurde von BMW beauftragt, zwei Prototypen mit Boxer-Antrieb zu bauen. So sah das Ergebnis aus.

liche G/S, aber doch ein wesentlicher Schritt in diese Richtung: Das Unternehmen entschied sich, noch einmal einen wettbewerbsfähigen Geländeboxer zu bauen.

Trotz der Expertise von Leuten wie Gutsche oder Schek entwickelte BMW dieses Motorrad nicht im eigenen Haus. Seltsamerweise erfolgten die ersten offiziellen Schritte in Italien. Mitte der 1970er Jahre hatte BMW, kaum beachtet von der Öffentlichkeit, eine Kooperation mit dem italienischen Hersteller Laverda aufgebaut. Hans-Gunter von der Marwitz, seinerzeit Technischer Direktor bei BMW Motorrad, und Massimo Laverda, sein Gegenüber bei der italienischen Marke, waren gute Freunde geworden. Die beiden Männer holten sich regelmäßig die Meinung des anderen zu ihren neuesten Motorrädern ein und tauschten sogar Maschinen zur Bewertung aus. Denn auch wenn beide Unternehmen große Motorräder bauten, unterschieden sich ihre Produkte doch deutlich und zeigten kaum Gemeinsamkeiten.

Ermuntert durch die Regeländerungen in der Geländemeisterschaft, entschloss sich von der Marwitz, einen Enduro-Prototypen mit einem BMW-Boxerantrieb bauen zu lassen. Nach seiner Meinung würde allerdings die Entwicklung in München zu lange dauern und er hatte Zweifel, ob die seinerzeitige Entwicklungsmannschaft über die notwendige Erfahrung und erforderlichen Kontakte im Off-Road-Bereich verfügte. Daher fragte er bei Laverda an. Das Unternehmen baute nämlich nicht nur leistungsstarke Sportmotorräder, sondern hatte auch einige Erfahrung im Bau von Geländesportmotorrädern mit 125 cm³ und 250 cm³ und besaß darüber hinaus sehr gute Beziehungen zu dem Heer an italienischen Zulieferern für den Geländesportbereich. Als Lockmittel stellte von der Marwitz Laverda die Möglichkeit einer Kleinserienproduktion in Aussicht – falls das Projekt erfolgreich sein würde.

1977 wurden zwei Prototypen in Auftrag gegeben und BMW lieferte dazu zwei R 65-Motoren, die auf 800 cm³ aufgebohrt waren. (Es gab Berichte, dass auch ein drittes Exemplar gebaut worden wäre, das geheimnisvoller Weise in Italien blieb). Man verwendete aufgebohrte R65-Motoren statt des vorhandenen 800er Motors, weil sie einen kürzeren Hub und damit eine geringere Baubreite hatten, was im Gelände vorteilhaft war.

Alessandro Todeschini leitete das Projekt und entwickelte den Rahmen, der bei dem bekannten Rahmenbauer Nino Verlicchi gefertigt wurde. Für die Anbauteile bediente man sich überwiegend bei den italienischen Zulieferern: Die Gabel kam von Marzocchi, Naben und Felgen von Grimeca bzw. Akront. Den Tank steuerte Bernardi Mozzi bei, die Sitzbank Giuliari. Die Lenkerarmaturen kamen dagegen vom deutschen Hersteller Magura.

In nur fünf Wochen wurden die Motorräder fertiggestellt. Auch wenn diese beiden Maschinen nicht als Prototypen für irgendwelche zukünftigen Serienmaschinen betrachtet wurden, bezeichnet sie Piero Laverda, Massimos Bruder, als Großvater – nicht als Vater – der G/S. Mit Sicherheit hatten sie einen gewissen Einfluss auf das, was später kommen sollte. So ist es auch kein Zufall, dass diese Laverda-BMW eine Reihe von Gemeinsamkeiten mit den G/S-Serienmodellen hatten: Eine Marzocchi-Gabel, einen besonderen Rahmen und 800 cm³ Hubraum. Das Motorrad, das sich am ehesten mit dem Titel „G/S-Vater“ schmücken darf, entstand dagegen

Eine weitere führende Figur in der deutschen Enduro-Szene war der BMW-Ingenieur Laslo Peres. Er setzte seine Eigenbau-BMW sehr erfolgreich bei Wettbewerben ein.

Laslo Peres war auch die treibende Kraft hinter dem Prototypen, aus dem schließlich die erste R 80 G/S hervorging. Intern wurde das Motorrad als „Roter Teufel" bezeichnet.

wieder in den Hallen von BMW: Eine Boxer-Enduro mit 800 cm^3, die der BMW-Testleiter Laszlo Peres in seiner Freizeit zusammenbaute.

Als 1978 dann die Regeländerungen für die Geländemeisterschaft in Kraft traten, wurde die neue Generation von offiziellen und „selbstgebauten" BMW-Enduros der Öffentlichkeit vorgestellt. Bei der Veranstaltung in Benesov im Mai diesen Jahres waren die drei verschiedenen „GS-Konzepte" erstmals einträchtig nebeneinander aufgereiht: Herbert Scheks Eigenkonstruktion mit 800 cm^3, basierend auf einer R 65, die von Werksfahrer Helmut Pohl pilotierte „Laverda-BMW" und schließlich die von Testleiter Peres selbstgebaute 800er, die nur 142 kg wog.

In diesem Jahr gab es noch zwei weitere einschneidende Ereignisse, die schließlich die werkseitige Entwicklung der G/S vorantrieben. Einmal gewann Peres mit seinem Motorrad die „BMW-Schlacht" in der Klasse über 750 cm^3 und belegte hinter einer von Rolf Witthöft umgebauten und eingesetzten Kawasaki Z750 den zweiten Platz in der deutschen Geländemeisterschaft.

Weniger erfreulich war die stagnierende Geschäftsentwicklung, verursacht durch das biedere Modellprogramm, den schärferen Wettbewerb und den schwachen Dollar, der besonders den Verkauf im wichtigen US-Markt beeinträchtigte. Das Unternehmen musste jetzt handeln. An einer Lösung arbeitete man bereits: Die neuen K-Modelle, angetrieben von modernen flüssigkeitsgekühlten Drei- und Vierzylindermotoren und elektronischer Kraftstoffeinspritzung – allerdings würde es noch einige Jahre dauern, bis diese Modelle serienreif waren.

Durch seine Erfolge im Geländesport beflügelt, sah Peres die Möglichkeit, ein Serienmodell folgen zu lassen. Mit der Unterstützung einiger Kollegen entstand eine weiterentwickelte Variante, aus der letztendlich die G/S hervorgehen sollte. Bezeichnet wurde dieser Prototyp intern mit dem martialischen Namen „Roter Teufel". Peres erinnert sich später an die Umstände: „Es war ein Versuchsobjekt und nur dazu gebaut, um Verschiedenes daran auszuprobieren. Ich hatte viele Jahre Geländeerfahrung und dachte, wir sollten mal etwas Neues entwickeln".

NEUES MANAGEMENT UND NEUE PROTOTYPEN

In den späten 1970er Jahren war die finanzielle Situation bei BMW so prekär, dass der legendäre Vorstandsvorsitzende der BMW AG, Eberhard von Kuenheim, darüber nachdachte, die Motorradsparte von BMW aufzugeben. (Er war auch der Vater von Hendrik von Kuenheim, der von 2008 – 2012 den Motorradbereich leitete).

Anfang 1979 trat eine entscheidende Phase ein, als BMW Motorrad mit Dr. Eberhard Sarfert und Karl-Heinz Gerlinger eine neue Leitung erhielt. Drei Jahrzehnte später erinnert sich Gerlinger: „Als von Kuenheim uns diesen Geschäftsbereich übertragen hatte, sagte er: ‚Entscheidet selbst, ob Ihr weitermachen wollt oder den Bereich zumacht.' Aber als junger Mann wäre ich niemals auf die Idee gekommen, BMW Motorrad zu schließen. Weder ich, noch meine Kollegen."

Stattdessen ging die neue Führungsmannschaft beherzt ans Werk: Gerlinger gab nicht nur für die K-Modelle sofort grünes Licht, sondern auch für Peres' Enduro-Projekt. Und damit nicht genug: Bestärkt durch die Wettbewerbserfolge von Peres und der daraus resultierenden positiven Berichterstattung, war man überzeugt, dass weitere Erfolge für die neue Serien-Enduro nur förderlich sein könnten. So meldete BMW für die Saison 1979 ein offizielles Werksteam mit sechs Fahrern für die Deutsche und Europäische Geländemeisterschaft und auch für die ISDT an.

Beim Straßenprojekt übergab man den Marschallstab an den Fahrwerks-Ingenieur Rüdiger Gutsche, der 1975 seine eigene Enduro auf Basis einer R 75/5 gebaut hatte. Sein Auftrag lautete, die beste der Werks-Geländemaschinen von BMW in etwas zu verwandeln, das in Serie produziert werden konnte. Es gab hierzu keine detaillierte Vorgabe, aber er musste dafür das BMW-Baukastensystem nutzen und war durch einen äußerst knappen Zeitplan stark eingeschränkt. Die R 80 G/S, wie sie ab jetzt hieß, machte nun schnelle Entwicklungsfortschritte. Bald folgte ein zweiter, silberfarbener Prototyp, der fast produktionsreif war. Hier verlief die Auspuffanlage bereits wie in der späteren Serie, es fehlte aber noch die revolutionäre „Monolever" genannte Einarmschwinge. Anlässlich des 30. Jubiläums der G/S an den BMW Motorrad Days 2010 in Garmisch-Partenkirchen erinnert sich der damalige Verkaufs- und Vertriebschef der BMW Motorrad GmbH, Karl-Heinz Gerlinger:

„Versetzen Sie sich einmal in die damalige Zeit zurück. Die Wettbewerbssituation war durch die Anbieter aus Fernost erdrückend. Die japanischen Hersteller dominierten auf den Weltmärkten – sowohl dort, wo Motorräder noch reine Fortbewegungsmittel waren und dort, wo sie bereits als Freizeitobjekt dienten. Die Entwicklung unserer K-Baureihe mit Drei- und Vierzylindermotoren hatte gerade erst begonnen. Wir benötigten jedoch ganz schnell ein Produkt, das uns die Rückgewinnung von Kunden ermöglichte. Nachdem uns die Entwicklungsleute den Gelände-Prototypen präsentiert hat-

Karl-Heinz Gerlinger gehörte ab Anfang 1979 zur Führungsriege von BMW Motorrad und hatte entscheidenden Einfluss auf den Serienanlauf der G/S. Er erteilte nicht nur die Freigabe für die Produktion der neuen K-Modelle (hier im Bild), sondern auch für das Enduro-Projekt von Peres.

1979 entstand ein zweiter, bereits überarbeiteter G/S-Prototyp. Hier ist das als „V173" bezeichnete Motorrad zu sehen, wie es vom BMW-Entwicklungsingenieur Lorenz Hintermayer ausgepackt wird.

Im Juli 2010, bei den BMW Motorrad Days in Garmisch-Partenkirchen und 30 Jahre nach der Vorstellung der ersten R 80 G/S: Karl-Heinz Gerlinger (rechts sitzend) zusammen mit (von rechts nach links) Laslo Peres, den Paris-Dakar-Fahrern Hubert Auriol und Jutta Kleinschmidt sowie dem Weltenbummler Charley Boorman beim Erinnerungsaustausch.

ten, unternahmen wir glücklicherweise den entscheidenden Schritt in die richtige Richtung. Wir erkannten das Potenzial des Motorrads. Durch die Verwendung erprobter und bewahrter Komponenten war ein schneller Serienanlauf ein realistisches Ziel. Wir erhielten auch die volle Unterstützung vom Aufsichtsrat. Dr. Sarfert war nicht nur Leiter der BMW Motorrad AG, sondern auch Personalchef der BMW AG. Er hat sich wirklich sehr für uns und die G/S eingesetzt."

Die Enduro von BMW sollte sich deutlich von den japanischen Maschinen unterscheiden. Wenn auch der Erfolg der japanischen Hersteller bewiesen hatte, dass ihre Geländemotorräder auch für Straßenfahrer interessant waren, sollte eine Enduro von BMW nicht nur anders aussehen, sondern auch anders sein und dabei trotzdem traditionelle BMW-Eigenschaften wie Komfort, Langstreckentauglichkeit und Zuverlässigkeit aufweisen. Eine eigens in Auftrag gegebene Marktanalyse ergab, dass kaum 2% der Besitzer eines geländetauglichen Motorrads sich tatsächlich auf wirklich schwierigem Terrain abseits der Straßen bewegte, die restlichen 98% fuhren auf normalen Straßen. Aus den Erkenntnissen zeichnete sich allmählich das zugrundeliegende Konzept ab: Ein Motorrad mit Geländetauglichkeit, überzeugenden Fahrleistungen und ausgezeichnetem Straßenkomfort. Das Konzept spiegelte sich auch in der Modellbezeichnung wider: G für Gelände, S für Straße.

Weniger als ein Jahr später waren bereits zwei Vorserienmodelle fertiggestellt und bereit für einen äußerst anspruchsvollen Test: Im Januar 1980 fuhren der BMW-Pressesprecher Kalli Hufstadt und der Journalist Hans-Peter Leicht mit den beiden Motorrädern 2200 km durch Südamerika, in der Hitze des Regenwalds im Amazonasgebiet bis zu einer Höhe von 5000 m in den Anden. Die Maschinen bewältigten die Beanspruchungen anstandslos. Die erste Saat des „Abenteuers" schien aufgegangen zu sein. Könnte BMW tatsächlich die Kehrtwende schaffen?

Im Herbst 1980, nach lediglich 21 Monaten Entwicklungszeit, stand die BMW R 80 G/S bereit, um der Weltöffentlichkeit präsentiert zu werden. Nur, war die Welt auch bereit für die G/S?

DIE WERKS-BMW GS800 (1979/80)

Ermuntert durch Laslo Peres' zweiten Platz in der Deutschen Geländemeisterschaft 1978 und mit der Absicht, durch eine hoffentlich positive Berichterstattung die Markteinführung der kommenden R 80 G/S zu unterstützen, entschloss sich BMW ein offizielles Werksteam zu gründen.

Mit sechs Fahrern sollte 1979 sowohl an der Deutschen und Europäischen Geländemeisterschaft als auch am International Six Days Trial (ISDT) teilgenommen werden.

Damals galt der ISDT noch als „Zuverlässigkeitsveranstaltung" und hier mit einem Motorrad bis zum Ende durchzufahren, zählte schon als beachtlicher Erfolg. Die Marketingstrategen von BMW begannen schnell damit, das Renommee der R 80 G/S aufzuwerten.

Die von BMW für diesen Zweck aufgebauten Motorräder trugen die recht prophetische Bezeichnung GS 800, wobei GS hier für GeländeSport stand. In Wirklichkeit hatte dieses Modell mit der späteren R 80 G/S wenig gemeinsam. Einer der Unterschiede war die Hinterradaufhängung mit

Kurz vor der Markteinführung der R 80 G/S baute BMW für Entwicklungs- und auch Werbezwecke die GS 800-Werksmaschinen und nahm mit einem sechs Mann starken Team an der Deutschen und an der Europäischen Geländemeisterschaft teil.

einer Zweiarmschwinge. Nichtsdestotrotz wurde BMW mit dem deutschen Meistertitel belohnt, den Richard Schalber gewann.

Für 1980, dem Debütjahr der Serien-G/S, wurde die GS 800 weiterentwickelt und erwies sich dadurch als noch erfolgreicher. Werner Schütz gewann die deutsche Meisterschaft und Rolf Witthöft den europäischen Titel. Allerdings hatten die Motorräder weiterhin nicht viel mit der kommenden R 80 G/S gemeinsam, da sie wesentlich auf den von Peres und Schek entwickelten Maschinen basierten. Ihre Motoren waren die aufgebohrten Triebwerke der R 65 und leisteten 57 PS. Zwecks höherer Bodenfreiheit waren sie um 14° geneigt im Rahmen eingebaut. Als Auspuffsystem diente eine 2-in-1-Anlage, allerdings hatten sie noch keine Einarmschwinge.

Doch schon in diesem Jahr, gerade als die Serien-G/S am Anfang ihrer Geschichte stand, zeichnete sich das Ende der Werks-GS ab – zumindest im konventionellen Enduro-Sport. Die ISDT-Veranstaltungen entwickelten sich mehr und mehr zu Moto Cross-Rennen, bei denen die großen Boxermotoren benachteiligt waren, denn die großvolumigen Zweitaktmotoren der Konkurrenz erwiesen sich als leistungsstärker und auch besser beherrschbar.

Diese Entwicklung hatte jedoch keine großen Nebenwirkungen. Die ISDT-Teilnahme hatte ihren Zweck erfüllt. Eine neue Form des Enduro-Wettbewerbs machte zunehmend Schlagzeilen und sollte schließlich das perfekte Einsatzgebiet für die G/S werden: Die Rallye Paris – Dakar. Die GS 800 würde die ideale Basis bilden für den Einstieg von BMW in das größte aller Wüsten-Rennen.

SCHEKS BMW-MASCHINEN

Sollte der deutsche Geländesport der 1960er und 1970er Jahre zur Entstehung der G/S beigetragen haben, so ist ein Name untrennbar damit verbunden: Herbert Schek. Er wurde 1932 in Wangen/ Allgäu geboren und begann seine Rennkarriere im Alter von 18 Jahren mit einem Eisrennen, das er sogleich gewann. „Die anderen Fahrer waren so schnell, dass sie stürzten", erinnert er sich Jahre später. „Ich fuhr langsam genug, dass ich ohne hinzufallen die Ziellinie erreichte!"

Ein Jahr später stieg er in den Geländesport ein. Der damalige Standardumbau umfasste lediglich die Montage grobstolliger Reifen und eine Höherlegung der Auspuffanla-

Die GS 800-Werksmaschinen hatten mit der eigentlichen R 80 G/S wenig Gemeinsamkeiten. Ihr Motor war aus der R 65 weiterentwickelt und nach hinten geneigt im Rahmen eingebaut worden. Mit ihnen konnte 1980 sowohl die Deutsche als auch die Europäische Geländemeisterschaft gewonnen werden.

Der BMW-Ingenieur Laslo Peres spielte eine Schlüsselrolle bei der Entwicklung der GS 800-Werksmotorräder.

LASLO PERES – DER AUSLÖSER

Unter all den Enthusiasten, Individualisten und Fahrern, die in den 1970er Jahren mit BMW Boxer Enduros experimentierten oder sie in Wettbewerben einsetzten, herrscht im Prinzip die einhellige Meinung, dass die treibende Kraft hinter der Entstehung der Serien-R 80 G/S der BMW-Entwicklungsingenieur Laslo Peres war. Die von Peres in Eigenregie gebaute GS800 verließ gegen Ende des Jahres 1977 die BMW-Hallen und belegte 1978 den zweiten Platz in der Deutschen Geländemeisterschaft. Sie war sicher nicht die am weitesten entwickelte oder sogar beste Ausgabe der G/S-Vorgänger, errang aber zur richtigen Zeit die entscheidenden Erfolge. Dadurch, dass Peres zudem im Herzen der Schaltzentrale von BMW Motorrad arbeitete, war er auch ideal positioniert, um Überzeugungsarbeit bei den maßgeblichen Entscheidungsträgern in München zu leisten.

Jahre später erinnert sich der damalige Chef von BMW Motorrad, Karl-Heinz Gerlinger:

Laszlo kam in mein Büro und versuchte mich zu überzeugen, dass wir in den Geländesport einsteigen sollten. Ich antwortete: ‚Nein, zuerst brauchen wir ein Motorrad, das wir verkaufen können.' Aber er beharrte darauf und sagte: ‚Wir haben da etwas im Keller stehen, was wir Ihnen zeigen möchten. Kommen Sie mit und schauen Sie es sich an.' Nachdem ich es ausprobiert hatte, sagte ich: ‚Mein Gott, das Ding wird uns entweder retten oder untergehen lassen!'

Glücklicherweise trat das Letztere nicht ein …

OBEN: Von allen Mitwirkenden im G/S-Projekt hatte Laszlo Peres wohl die wichtigste Funktion. Hier ist der BMW-Entwicklungsingenieur 1978 auf seiner eigenen Boxer-Enduro zu sehen.

RECHTS: Laslo Peres auf einer der überlebenden GS 800, 2010 bei den BMW Motorrad Days aufgenommen. Er scheint wenig von seinem Enthusiasmus für sein mittlerweile 32 Jahre altes Werk verloren zu haben.

ge. 1962 bekam er von Maico sein erstes Werksmotorrad zur Verfügung gestellt und konnte die Maschine als Belohnung behalten. Er sollte in den 60er und 70er Jahren noch sechs weitere Titel für die Schwaben einfahren. Obwohl Schek mit den Maicos am erfolgreichsten war, ist er mit BMW am engsten verbunden, wie er selbst beschreibt: „1965 holte ich den Klassensieg bei der äußerst anspruchsvollen 3-Tage-Fahrt von Passau und Hans von der Marwitz, der damalige Entwicklungschef von BMW, fragte mich, ob ich 1966 seine BMW fahren würde."

Schek bedankte sich für das Angebot mit dem Sieg in der offenen Klasse beim International Six-Days-Trial in Karlskoga/Schweden. Leider war das Engagement von BMW nur von kurzer Dauer. Im folgenden Jahr löste die Konzernleitung das Werksteam auf und Schek kehrte erst zu Maico zurück und wechselte dann zu Jawa.

1969 kam von der Marwitz wieder auf Schek zu. Er erläuterte ihm, dass BMW jemanden suchen würde, der in der Lage wäre, einen R 75/5 Prototypen beim ISDT in Garmisch-Partenkirchen zu fahren. Zwei Maschinen sollten gemeldet werden und Schek unterschrieb. Von der Marwitz erklärte den Fahrern, dass das Unternehmen bis jetzt 148 FIM Goldmedaillen gewonnen hätte und er auf sie zählen würde, diese Zahl auf 150 aufzurunden. Sie waren nur teilweise erfolgreich, denn ein Motorrad fiel wegen eines technischen Defekts aus. BMW trat 1970 mit gleich vier Fahrern wieder beim ISDT an, um die noch nicht vollendete Mission zu erfüllen. Für Schek stellte sich aber mehr und mehr heraus, dass die großen Boxermotoren einfach zu schwer waren, um ihren einzylindrigen Konkurrenten Paroli bieten zu können. Er forderte von von der Marwitz, das Gewicht der BMW auf 150-160 kg abzuspecken. Als von der Marwitz entgegnete, dass das unmöglich sei, antwortete ihm Schek, dass er selbst ein solches Motorrad bauen würde. BMW lieferte Schek die Komponenten nach seinen Vorgaben und die von ihm gebaute Maschine wog erst 135 kg, später sogar nur noch 125 kg. Diese Motorräder wurden als Schek-BMW bekannt, in den 1970er Jahren entstanden davon ca. 20 Exemplare.

1973 wurde der ISDT in den USA ausgetragen und in diesem wichtigen Markt wollte BMW natürlich besonders glänzen. Schek erklärte sich bereit, vier Motorräder für das Werksteam vorzubereiten. Allerdings hatte irgendjemand bei BMW zwischen ihrer Fertigstellung und ihrer Ankunft in Massachusetts ihre Abstimmung verändert. Schek war außer sich. „Es war unmöglich, sie am Laufen zu halten, da sie viel zu mager abgestimmt waren", erinnert er sich später. Er schaffte es, an seiner eigenen Maschine die Einstellungen entsprechend abzuändern und gewann eine weitere Goldmedaille. Aber dieses ärgerliche Ereignis bewog BMW, das Werksteam wieder einmal aufzulösen und Schek ging wieder zu Maico. Als aber 1978 die neue Klasse über 750 cm³ ins Leben gerufen wurde, erhielt er wieder Bestellungen für seine Schek-BMW. Diese Motorräder sind heute sehr gesuchte Sammlerstücke und werden daher oft nachgebaut.

Herbert Schek, der „sanfte Riese", demonstrierte unabhängig von BMW unermüdlich das Gelände-Potenzial des Boxermotors. Er gewann damit nicht nur zahlreiche Wettbewerbe, sondern entwickelte und verkaufte auch eine stattliche Zahl eigener GS-Modelle.

BMW
R 80

KAPITEL 2

Das Original: Die R 80 G/S (1980 – 1987)

DIE ENTWICKLUNG DER R 80 G/S

Für das G/S-Projekt gab es zwar zu Beginn keine formelle Anweisung für die Entwicklung, aber schon früh stand fest, dass dieses Motorrad kein Ableger einer Wettbewerbs-Geländemaschine à la Laszlo Peres sein sollte. Stattdessen sollte es weitgehend auf der bereits vorhandenen BMW-Straßenmaschine R 80 aufbauen. Der Hauptgrund dafür war, dass möglichst schnell ein wirtschaftlich zu produzierendes Motorrad mit einem konkurrenzfähigen Preis entwickelt werden musste. Eine Replica der Extrem-Enduro GS 800 zur Serienreife zu bringen, hätte nicht nur wesentlich länger gedauert, sie wäre auch deutlich teurer geworden und nur bedingt alltagstauglich gewesen.

Anfängliche Versuche mit einem aufgebohrten R 65-Motor führten zu der Erkenntnis, dass der kürzere Hub und die damit einhergehenden höheren Drehzahlen zu starke Vibrationen erzeugten. Rüdiger Gutsches Entwicklungsmannschaft griff daher auf den bekannten und bewährten luftgekühlten R 80 Motor zurück und modernisierte ihn für den neuen Einsatzzweck.

Bohrung und Hub waren mit 84,8 mm bzw. 70,6 mm identisch und auch die Leistungsangabe mit 50 PS bei 6500 U/min war gleich. Aber damit endeten auch die Gemeinsamkeiten.

Der R 80 G/S-Motor wies gegenüber dem Straßenmodell von 1980 einige Modifikationen auf, die 1981 bei der gesamten Modellpalette eingeführt wurden. Damit sollte nicht nur die Standfestigkeit erhöht werden, sondern auch – besonders praktisch für die G/S – einiges an Gewicht gespart werden.

Die wichtigste Änderung waren „Galnikal"-beschichtete Zylinderlaufbahnen anstelle der bisherigen Laufbüchsen aus Stahlguss. Bei diesem Beschichtungsprozess werden auf eine Nickelschicht Siliziumkarbidpartikel aufgebracht – ähnlich wie beim Nikasil-Verfahren, das z. B. bei Zweitaktmotoren sehr häufig eingesetzt wird.

Die drei wesentlichen Vorteile dieser Technologie sind: eine Gewichtseinsparung von 4,5 kg (durch den Wegfall der Stahllaufbüchsen), ein verbesserter Wärmeübergang durch höhere Wärmeleitfähigkeit und die Möglichkeit, das Kolbenlaufspiel zu verkleinern, was wiederum die Geräuschentwicklung, den Ölverbrauch und den Verschleiß verringert – die vielleicht wichtigste Eigenschaft. Ein Nachteil ist jedoch, dass die Zylinder im Reparaturfall nicht einfach aufgebohrt werden können, wie das bei Zylinderlaufbüchsen aus Stahl möglich ist.

GEGENÜBERLIEGENDE SEITE: Bei ihrer Premiere erregte die erste R 80 G/S großes Aufsehen. Keine BMW sah bisher so verwegen aus, keine Serien-Enduro hatte je diese Größe.

Während die Prototypen noch mit aufgebohrten R 65-Triebwerken ausgerüstet waren, bekamen die Serienmodelle den R 80-Motor, der bereits einige wichtige Änderungen aufwies.

TECHNISCHE DATEN — BMW R 80 G/S MODELLJAHR 1981

Neupreis:	8350 DM
Produktionszeitraum:	1980-1987
Stückzahl:	21.864
Hubraum:	798 cm³
Bohrung x Hub:	84,8 mm x 70,6 mm
Verdichtungsverhältnis:	8,2 : 1
Gemischaufbereitung:	zwei 32-mm-Gleichdruckvergaser von Bing
Leistung:	50 PS bei 6500 U/min
Drehmoment:	57 Nm bei 5000 U/min
Getriebe:	5-Gang-Schaltgetriebe, Hinterradantrieb über Kardanwelle
Rahmenbauart:	Doppelschleifen-Rohrrahmen mit angeschraubtem Rahmenheck
Vorderradaufhängung:	Teleskopgabel mit 200 mm Federweg
Hinterradaufhängung:	BMW Monolever mit seitlichem Einzelfederbein, 170 mm Federweg
Vorderradbremse:	260-mm-Einscheibenbremse mit gelochter Bremsscheibe, Zweikolben-Bremszange
Hinterradbremse:	Gestängebetätigte 200-mm-Trommelbremse
Reifengrößen:	3.00 x 21 vorn, 4.00 x 18 hinten
Sitzhöhe:	860 mm
Tankinhalt:	19,5 Liter
Trockengewicht:	167 kg
Farbe:	Alpinweiß, Dunkelblau
Höchstgeschwindigkeit:	167 km/h

Vollständig neu war die Kupplung, die ja auch zur Schwungmasse des Boxers gehört. Mit 4,7 kg weniger Gewicht war sie 40% leichter als die bisherige. Außerdem ließ sie sich mit geringerer Handkraft bedienen und ermöglichte weichere Schaltvorgänge, was sehr vorteilhaft für ein Motorrad mit Geländeambitionen war.

Das Fünfgang-Getriebe selbst blieb unverändert, allerdings wurde die Übersetzung des Endantriebs für den Geländeeinsatz auf 3,36:1 verkürzt (bei der R 80-Straßenmaschine betrug sie 3,2:1).

Eine weitere Verbesserung, von der auch die gesamte 1981er Modellreihe profitierte, war ein verstärktes Kurbelgehäuse mit geändertem Ölkreislauf. Jetzt erhielten die Kurbelwellenhauptlager das Schmieröl direkt von der Ölpumpe anstatt über den bisherigen Umweg über die Nockenwelle.

Eine Erleichterung bei der Wartung stellte der neue größere Luftfilter dar. Er war nun mit vier Halteklammern zwischen dem oberen Luftfiltergehäuse aus Kunststoff und dem Luftfilterkasten fixiert und ließ sich wesentlich einfacher als bisher ausbauen.

Und nicht zuletzt war die G/S wie auch die komplette 1981er Modellpalette mit einer neuen elektronischen und damit wartungsärmeren Bosch-Zündung ausgestattet.

Durch die verwendete Doppelfunkenzündspule konnte auch hier etwas Gewicht eingespart und Platz unter dem Tank gewonnen werden. Alle diese Änderungen trugen dazu bei, dass der G/S-Motor leichter, drehfreudiger und auch langlebiger als seine Vorgänger war.

Während die Modifikationen am Motor erst auf den zweiten Blick erkannt werden konnten, waren die konzeptbedingten Unterschiede zur R 80 oder jeder anderen BMW unübersehbar.

Der Doppelschleifen-Rohrrahmen stammte nicht von der R 80 in Straßenausführung, sondern basierte auf dem der R 45- bzw. R 65-Modelle. Durch die Monolever-Hinterradaufhängung erhielt er einen neuen Anlenkpunkt für das hintere Federbein und auch die Fußrasten sowie verschiedene Haltewinkel wurden neu positioniert.

Der 19,5 Liter fassende Kraftstofftank wurde speziell für die G/S entworfen und erhielt einen Tankverschluss im Enduro-Look. Darunter befanden sich diverse Bauteile der Bordelektrik (z. B. die Doppelfunkenspule und einige Relais), die von den R 45- und R 65- Modellen stammten.

Das Baukastensystem setzte sich weiter fort: Die Teleskopgabel mit ihren 200 mm Federweg sollte in modifizierter Ausführung ab 1981 auch in den R 100-Modellen zum Einsatz kommen und wies daher auch die Aufnahmen für die neue Vorderradbremse auf.

Alle neuen BMW-Modelle waren zukünftig mit einer Bremsanlage des italienischen Herstellers Brembo ausgerüstet. Der Hauptbremszylinder war nun am Lenker und nicht mehr unter dem Tank montiert und die neuen asbestfreien Bremsbeläge sollten den Bremsweg bei Nässe um 40% verkürzen.

So wie viele andere Modifikationen dieser Zeit trug auch die Brembo-Bremse zu einer Gewichtsreduzierung bei.

RECHTS: Während viele Bauteile der G/S von anderen Modellen übernommen werden konnten, wurde der Kraftstofftank eigens für dieses Modell entworfen und produziert.

UNTEN: Die beträchtliche Fahrleistung der G/S erforderte auch eine adäquate Bremse. Die leichte Einzelscheibenbremse des italienischen Herstellers Brembo war zu dieser Zeit das Maß der Dinge.

Die Leistung der G/S erforderte auch einen völlig neuen Reifen: Metzeler entwickelte seinen „Sahara“ mit einem besonderen Profil speziell für die G/S.

Zur Gewichtsreduzierung wurden Bauteile eingespart oder aus leichtem Material gefertigt. Als Instrument war zum Beispiel nur ein Tachometer vorhanden, auf dessen Skala sich zusätzlich die Schaltpunkte der einzelnen Gänge befanden. Gemeinsam mit den Anzeigeleuchten befand er sich im Lampengehäuse aus leichtem Kunststoff.

Die geschickt verlegte 2-in-1-Auspuffanlage senkte zusätzlich das Gewicht und auch die Metzeler-Reifen waren auf leichten Aluminiumfelgen montiert.

Damit war die G/S die erste Enduro mit einer Scheibenbremse im Vorderrad. Obwohl das aus heutiger Sicht nicht außergewöhnlich erscheint, war es 1981 geradezu revolutionär. Das erste serienmäßig produzierte Moto-Cross-Motorrad mit einer Scheibenbremse war die 1982 vorgestellte Kawasaki KX250. Fest steht, dass die Einführung dieser Bremse kein überflüssiger Firlefanz war. Denn obwohl die G/S im Vergleich zu den anderen BMW-Boxern ein deutlich geringeres Gewicht hatte, blieb sie eine schwere Maschine, die Geschwindigkeiten über 160 km/h erreichte. Niemals zuvor wurde eine Enduro bei den Tests für die Homologation mit 168 km/h gestoppt. Kurz gesagt: Die G/S brauchte einfach eine gute Bremse!

Trotz aller gewichtssparenden Maßnahmen von BMW blieben die Größe der G/S, ihr Gewicht und die möglichen Fahrleistungen ein Problem für die Reifen. 1980 gab es kein Geländemotorrad, das schneller als 140 km/h fuhr oder über 150 kg wog, daher waren alle existierenden Reifen mit Geländeprofil nur für 130 km/h zugelassen. Die G/S erreichte jedoch spielend Geschwindigkeiten über 150 km/h. Metzeler entwickelte speziell für die G/S neue Reifen, die für Geschwindigkeiten von 180 km/h geeignet waren.

Natürlich war die G/S unbestreitbar ein großes, schweres Motorrad, aber in Anbetracht ihres Hubraums war sie im Vergleich zu anderen Modellen bemerkenswert leicht – so brachte sie zum Beispiel ca. 30 kg weniger auf die Waage als das Schwestermodell R 80 in der Straßenvariante. Das wurde auf verschiedene Weise erreicht. Gutsches geländesporterfahrene Entwicklungsmannschaft bediente sich großzügig in der Offroad-Szene, besonders was den Einsatz von Kunststoffteilen anbelangte. So waren an der G/S nicht nur der vordere und hintere Kotflügel sowie die Seitendeckel aus Kunststoff, sondern auch der Sitzbankboden, der dadurch auch nicht mehr rosten konnte. Am Auffälligsten war jedoch das minimalistische Lampengehäuse aus Plastik, in dem neben dem H4-Scheinwerfer und dem Zündschloss auch der Tachometer samt Kontrollleuchten untergebracht war.

Während der Geschwindigkeitsmesser gesetzlich vorgeschrieben war, entschied man sich aus Gewichtsgründen auf den Drehzahlmesser zu verzichten. Statt dessen hatte die Skala des Tachometers entsprechende Markierungen, die auf die maximale Geschwindigkeit in den einzelnen Gängen hinwiesen. Die geschickt verlegte 2-in-1-Auspuffanlage erhöhte nicht nur die Bodenfreiheit für den Geländeeinsatz, sondern wog auch deutlich weniger als die normalen 2-in-2-Anlagen der Straßenmodelle.

Die unverkennbaren Einflüsse aus dem Geländesport zeigten sich auch in den Rädern. Von Akront stammten die Speichenräder mit Aluminiumfelgen in den Größen 3.00 x 21 bzw. 4.00 x 18. Sie ließen sich im Fall der Fälle reparieren und ermöglichten im Gegensatz zu den Gussrädern auch einen einfacheren Reifenwechsel.

Der über 81 cm breite Enduro-Lenker hatte eine versteifende Querstrebe und gewährleistete vor allem im Gelände

Von Anfang an war BMW darauf bedacht, die beiden Stärken der G/S hervorzuheben: die Touren- und die Geländetauglichkeit.

Mit der auffallenden „BMW Motorsport"- Farbgebung, dem außergewöhnlichen Styling und dem Verzicht auf jegliches Chrom war von Beginn an klar, dass die neue BMW kein Mauerblümchen war.

Die BMW war keine Enduro, wie man sie bisher kannte. Die große Zweimann-Sitzbank, ein Gepäckträger und eine mögliche Höchstgeschwindigkeit von über 160 km/h waren in dieser Form noch nie dagewesen.

Die Neue sollte auch praktisch sein: Der hochgelegte seitliche Schalldämpfer und die Einarmschwinge mit dem integrierten Wellenantrieb machten den Ausbau des Hinterrads zu einem Kinderspiel.

eine bestmögliche Fahrzeugkontrolle. Geländetaugliche klappbare Fußrasten boten dem Fahrer durch ihre Verzahnung einen sicheren Halt, während ein gelochtes Aluminiumblech die Ölwanne schützte. Dabei wurden auch die Erfordernisse für den Straßeneinsatz nicht vergessen. Spiegel und Blinker ermöglichten gutes Sehen und Gesehen-werden und für den Passagier war eine vollwertige abschließbare Zweipersonen-Sitzbank samt Fußrasten und Haltegriff vorhanden.

Obwohl sie immer noch ein großes Motorrad war (zumindest für eine Enduro), schien die neue G/S die perfekte Mischung für Straße und Gelände zu bieten, wie das Werbematerial von BMW eifrig zu versichern versuchte. Kraftvoll und solide, aber doch schlank und leicht; robust und zuverlässig, und dabei modern und authentisch. Die einzige Frage war: Was würde der Rest der Welt darüber denken?

MONOLEVER: DAS MEISTERSTÜCK AN DER G/S

Obwohl die G/S überwiegend unter dem Diktat des Baukastensystems entstehen musste, war noch genug Raum für kreative Detaillösungen vorhanden. Die Auffallendste und Bedeutendste davon war sicher die einseitige Hinterradaufhängung.

Das als „Monolever" bezeichnete System unterschied sich gravierend von den bisher bekannten Hinterradschwingen. Anstelle von zwei Schwingenarmen dienten nur die verstärkten Gehäuse des Hinterradantriebs (Schwinge und Winkeltrieb) auf der rechten Seite als Aufhängung.

Abgestützt wurde das Ganze über ein einzelnes Bilstein-Federbein, dessen Federvorspannung fünffach einstellbar war und das vom rechten Seitendeckel dezent verborgen wurde. Die linke Seite war völlig offen, was durch den hochgelegten Schalldämpfer der 2-in-1-Auspuffanlage zusätzlich unterstrichen wurde. Daher war auch keine übliche Hinterradachse vorhanden, sondern das Hinterrad wurde ähnlich wie bei einem PKW mit drei Schrauben befestigt. Dadurch ließ sich das Hinterrad in Sekunden ausbauen – eine wahrhaft pfiffige Lösung.

Dazu ergaben sich noch weitere Vorteile. Die Einarmschwinge war 2 kg leichter als eine konventionelle Hinterradschwinge. Ihre Verdrehsteifigkeit war nach Angabe von BMW 50% höher, dazu war sie günstiger und einfacher herzustellen.

DIE TECHNISCHEN MERKMALE DER R 80 G/S AUF EINEN BLICK

- Hinterradaufhängung über Einarmschwinge und Einzelfederbein (Monolever). Höhere Verdrehsteifigkeit, 2 kg leichter als herkömmliche Schwinge, vereinfachter Radausbau.
- Eigens entwickelte Metzeler-Reifen „Sahara" für Straßen- und Geländeeinsatz, erster Enduro-Reifen mit Geschwindigkeitszulassung bis 180 km/h.
- Weiterentwickelter Boxer-Motor des Straßenmodells R 80, verstärktes Kurbelgehäuse und „Galnikal"-Zylinder.
- Erste Enduro mit Scheibenbremse vorn (Brembo), asbestfreie Sintermetallbeläge mit verbessertem Nassbremsverhalten.
- Hochgelegte 2-in-1-Auspuffanlage, dadurch reduziertes Gewicht und einfacherer Hinterradausbau.
- Kombiniertes Lampen-/Instrumentengehäuse aus Kunststoff, aus Gewichtsgründen kein Drehzahlmesser, jedoch Schaltpunktmarkierungen auf der Tachometerskala.
- Diverse Kunststoffteile (Kotflügel, Seitendeckel, Sitzbankunterteil) unterstreichen Off-Road-Eigenschaften und reduzieren das Trockengewicht der G/S auf 167 kg.
- Gehärtete Akront-Aluminiumfelgen, breiter Lenker und Ölwannenschutz verbessern die Geländetauglichkeit.
- Doppelsitzbank, 19,5-Liter-Kraftstofftank, Spiegel, Blinker und H4-Licht für den Straßeneinsatz.

Von allen technischen Besonderheiten an der neuen G/S war sie ohne Zweifel die Innovativste: die „Monolever", eine Einarmschwinge mit integriertem Hinterradantrieb.

Der BMW-Entwicklungsingenieur Rüdiger Gutsche war verantwortlich für die Entwicklung der G/S zur Produktionsreife. So wie Peres und Schek war auch er ein engagierter Geländefahrer.

RÜDIGER GUTSCHE: DER „VATER" DER G/S

Falls überhaupt eine Person als der „Vater" der G/S bezeichnet werden kann, dann trifft das auf Rüdiger Gutsche zu. Gutsche arbeitete als Ingenieur bei BMW in der Entwicklung – Schwerpunkt Fahrwerk und Getriebe – und erhielt Anfang 1979 die Leitung über die G/S-Entwicklung.

Wie etliche der BMW-Ingenieure war auch Gutsche ein passionierter Geländesportfahrer und hatte eine besondere Vorliebe für Wüsten-Rallyes. 1978 fuhr er mit einem 20 Jahre alten Borgward aus Bundeswehrbeständen in die Sahara.

Als er sich – wie so einige andere seiner Kollegen – dem Motorrad-Rennsport widmete und BMW nichts Passendes im Angebot hatte, baute Gutsche sich sein eigenes Motorrad. Bereits 1970 bohrte er seine R 75/5 auf 898 cm³ auf und war schnell genug, um auf Bergstrecken gegen 750er Hondas bestehen zu können – bei uneingeschränkter Zuverlässigkeit.

Im Fall der G/S war Gutsche vielleicht nicht der naheliegendste Kandidat, aber sicher einer mit sehr viel Herzblut. Er erwies sich als der richtige Mann, um ein Projekt zu leiten, bei dem die handgefertigten Geländesportmotorräder von BMW zu Serienmaschinen reiften.

Die Entwicklung dieses scheinbar simplen Systems war keine leichte Aufgabe. Hier betrat man technisches Neuland und dabei sollte die Stabilität unbedingt den harten Anforderungen eines Geländeeinsatzes genügen.

Die BMW-Ingenieure mussten dafür nicht nur die Radaufnahme neu konstruieren und entsprechend verstärken, sondern auch die Gehäuse der Kardanwelle und des Winkeltriebs. Außerdem war ein entsprechendes Federbein erforderlich und einiges mehr. Die Tatsache, dass im Straßenbetrieb der Monolever vom Fahrverhalten her von einer normalen Schwinge nicht zu unterscheiden ist, beweist wie gründlich die Ingenieure gearbeitet haben. Konsequenterweise wurden ab 1982 alle BMW-Modelle mit Monolever ausgerüstet.

SEPTEMBER 1980: VORSTELLUNG UND MARKTEINFÜHRUNG

Abweichend vom damals üblichen Ablauf kam zuerst die Welt-Presse in den Genuss, die G/S zu fahren, bevor sie der Öffentlichkeit vorgestellt wurde. Die Presseveranstaltung fand am 1. September in Avignon/Frankreich statt, während die Allgemeinheit das Motorrad am 19. September auf der traditionsreichen IFMA in Köln (heute Intermot) bewundern konnte.

Die Pressevorstellung der neuen BMW fand Anfang September 1980 in Avignon/Frankreich statt. Entgegen der normal üblichen Abfolge bekam die Öffentlichkeit sie erst einige Wochen später auf der IFMA in Köln zu sehen.

Bei beiden Ereignissen konnten zwei Meinungen unmittelbar festgestellt werden: Einerseits war das radikal neue Motorrad-Konzept der G/S für einige Leute doch recht gewöhnungsbedürftig, andererseits fanden viele diese Idee erfrischend anders und höchst interessant.

Die Öffentlichkeitsarbeit von BMW

Mit dem hauseigenen Werbe- und Pressematerial zeigte BMW keine Bescheidenheit, die Allround-Eigenschaften des Neuankömmlings anzupreisen:

„Vorhang auf für eine neue Motorrad-Idee von BMW. Perfekt gemacht für das Abenteuer: Ein Motorrad, mit dem man sich auf- und abseits der Straße wohl fühlt. Die leichteste Serienmaschine in dieser großen Hubraumklasse: 800 cm³ und 50 PS bei einem Trockengewicht von lediglich 167 kg!
Die BMW R 80 G/S kann viel mehr als eine Enduro. Und sie vermittelt erheblich mehr als nur Freude im Gelände. Die BMW R 80 G/S ist als universell einsetzbares Freizeitinstrument konstruiert. Sie verfügt über eine besondere Technik, die weder dem Vergnügen abseits der Straßen noch dem Vorwärtskommen über große Distanzen Fesseln anlegt. Mit dieser Motorrad-Idee wird die ursprüngliche Form der Mobilität neu belebt: Durch die Abenteuerreise lernt man Land und Leute abseits der breiten Betonpisten kennen. Mit der BMW R 80 G/S erobern Sie Lebensräume, die noch nicht durch Vorschriften eingeengt sind – und zwar auch zu zweit und mit dem dafür notwendigen Gepäck. Und dazu bietet die BMW R 80 G/S alle Eigenschaften, die ein Motorrad für die alltägliche Freude am Fahren haben muss.“

Die neue BMW erwies sich als absoluter Publikumsmagnet. Während der IFMA in Köln konnten die Verantwortlichen von BMW nur noch ungläubig staunen, nicht nur wegen des hohen Interesses an diesem Modell, sondern auch aufgrund der vielen Bestellungen, die an Ort und Stelle getätigt wurden.

Die Botschaft der zeitgenössischen BMW-Werbung: „Neu: Die BMW R 80 G/S. Lernen Sie jetzt eine Motorrad-Idee kennen, die viel mehr als einen Wunsch erfüllen kann.“ Im übertragenen Sinn war wohl gemeint, dass mit der G/S nun Orte erreicht werden konnten, wo zuvor noch kein Motorrad war ...

Pressevorstellung

Zwei Wochen vor der Kölner IFMA zeigte sich die Welt-Presse ähnlich beeindruckt. Traditionell waren Neumodellvorstellungen von BMW bisher eher beschauliche Angelegenheiten gewesen. Bei der R 80 G/S war alles anders. Das BMW-Management wollte mit dem neuen Motorrad ordentlich Aufmerksamkeit erregen und die Welt sollte daran natürlich großen Anteil nehmen.

Auf die Einladung von BMW versammelten sich am 1. September 1980 über 30 Fachjournalisten von Motorradzeitschriften und Tageszeitungen aus der ganzen Welt in der französischen Stadt Avignon.

In einem Konferenzraum inmitten den mächtigen mittelalterlichen Mauern des Papstpalastes enthüllten der Präsident von BMW Motorrad, Dr. Eberhard Sarfert und Vize-Präsident Karl Gerlinger ihr neues Baby und erklärten die Zielsetzung. Dabei betonten sie, dass die G/S nicht entwickelt wurde, um gegen die herkömmlichen Enduros anzutreten. Tatsächlich war die G/S eine völlig neue Art von Motorrad.

Viele der Anwesenden waren skeptisch. Nicht wenige konnten oder wollten es nicht verstehen und hinterfragten ungläubig, ob eine Maschine mit 800 cm³, Kardanantrieb und 200 kg Gewicht wenn überhaupt für einen Geländeeinsatz geeignet sei.

Am nächsten Tag bekamen die Journalisten Gelegenheit, ihre skeptische Haltung bei einer Probefahrt selbst zu korrigieren. Ein Bus brachte sie nach 45 Minuten Fahrt zum oberhalb der Stadt Les Baux gelegenen Hotel Ousteau de Baumaniére. Dort warteten 25 nagelneue G/S-Motorräder, mit denen eine vorbereitete 25 km lange Tour gefahren wurde, meist auf asphaltierten Straßen, aber auch mit einem kurzen kurvigen Schotterabschnitt. Das reichte aus, um ihre Meinung zu ändern.

Auf der Straße erfüllte die G/S alle Erwartungen mehr als genug, so dass einige der Anwesenden sie als das beste Straßenmotorrad von BMW erachteten. Und auf der Schotterpiste erwies sich die neue BMW als wesentlich tauglicher als es sogar die optimistischsten Schreiber vorhergesagt hatten. Die Fahrberichte waren durchweg enthusiastisch:

„Während die bisherigen Neumodellvorstellungen von BMW mit bravem Applaus bedacht wurden, hat das Unternehmen mit der Präsentation seines letzten Geniestreichs, der R 80 G/S, einen wahren Begeisterungssturm entfacht.
Schon beim ersten Eindruck fühlt sie sich äußerst leicht und agil an. Auf der Straße lässt die G/S keinen Zweifel daran, dass man mit ihr genauso schnell und behände unterwegs sein kann wie mit ihren größeren Schwestern. Der Sitzkomfort ist in Ordnung und es ist keine Frage, dass die G/S das Zeug dazu hat, lange Distanzen mit einem sehr guten Durchschnitt abzuspulen. Sie hat ein überragendes Handling und mit ihrer Bremsanlage kann sie es zweifellos mit jeder anderen Enduro aufnehmen.
BMW hat hier nicht eine gewöhnliche Durchschnitts-Enduro gebaut, sondern eine vollwertige Straßenmaschine, die ab und zu auch in die Enduro-Welt eintauchen kann. Und damit bietet die G/S einzigartige und aufregende Möglichkeiten in einem völlig neuen Fahrspektrum, in dem sie bisher keine ernstzunehmenden Konkurrenten hat."

Motorcyclist (USA), Dezember 1980

Während der Pressevorstellung bekamen die Journalisten die Gelegenheit, das neue Motorrad auf einer vorbereiteten Strecke sowohl auf der Straße als auch im Gelände zu testen.

Auch wenn die neue R 80G/S kein Leichtgewicht war, erkannte die Fachpresse schnell, dass sie kein Blender, sondern auch eine ordentliche und brauchbare Enduro war.

„Die neue R 80 G/S ist eine universell einsetzbare Maschine, eine hervorragende Enduro, die vielleicht bessere Straßen- als Geländeeigenschaften hat. Und BMW gibt es als Erster zu.
Das Fahrverhalten auf der Straße war die Überraschung bei diesem Motorrad. Durch sein relativ geringes Gewicht ist es äußerst agil und mit einer Gewichtseinsparung von fast 23 kg gegenüber der normalen R 80 wird die Erwartung flotter Fahrleistungen absolut erfüllt. Das Werk gibt für die Beschleunigung auf der Viertelmeile einen Wert von 13,8 Sekunden an und wenn das Motorrad mit einem Durchschnittsfahrer schon in diese Nähe kommt, ist das völlig in Ordnung. Als Höchstgeschwindigkeit werden 165 km/h angegeben – nicht schlecht für eine Enduro.
Setzt man die R 80 G/S so ein wie vorgesehen – also nicht unbedingt in schwerem Gelände – wird sie zweifellos viel Fahrspaß bereiten. Wer aber glaubt, dass diese Luxus-Enduro ein Schnäppchen ist, täuscht sich. Die unverbindliche Preisempfehlung ab Werk liegt bei 8350 DM, damit kostet sie mindestens so viel wie eine normale R 80/7.
Allerdings, so viel ist sicher, ist die R 80 G/S dagegen ein richtiger Hingucker in ihrem blütenweißen Livree, der ziegelsteinroten Sitzbank und der schwarz-verchromten Auspuffanlage. Und sie lässt ihren Fahrer sportlich daherkommen, ohne dass er sich dazu mit einem raubeinigen Geländemotorrad abmühen muss.“

Which Bike (GB) 1980

Unglaublich! BMW hat ein Motorrad erschaffen, das alle Voraussetzungen für einen Verkaufsschlager erfüllt: Die BMW R 80 G/S! Mit dem Festhalten an der Vergangenheit, dem Einsatz bewährter Lösungen und mutigen neuen Ideen sowie auf Grundlage sorgfältiger Marktanalysen konnte ein neues Motorrad entwickelt werden, auf das viele wahre Motorradfreunde gewartet haben. Die G/S fühlt sich auf engen Serpentinen genauso wohl wie auf den Schotterpisten im Alpenvorland. Gut ausgebaute Landstraßen liegen ihr genauso gut wie – ohne Übertreibung – die Autobahn. Es ist die reine Freude!“

Moto Sport (CH) 1980

Ron Griewe, damals Test-Redakteur der Zeitschrift *Cycle World*, sprach vielen aus der Seele, als er schrieb: „Ich bin mir nicht sicher, welchen Zweck dieses Motorrad haben soll. In einer Welt, in der Enduros auf das nötigste beschränkte Motorräder mit einem Gewicht von maximal 150 kg waren, dazu einen Einzylinder-Motor mit – wenn überhaupt – 500 cm^3 hatten, erschien die G/S wie ein Lastwagen. Selbst ein BMW-Ingenieur gab zu, dass er nicht ganz sicher wäre, ob das Motorrad in das große Gesamtbild hineinpasse.“

Nachdem er jedoch mit der G/S eine Probefahrt unternommen hatte, war Griewe beeindruckt:

„Nach einer Tagesfahrt über die Asphaltstraßen und Schotterstrecken rund um Avignon erschien die G/S schon in einem etwas anderem Licht. Auf der Straße ließ sie sich handlich und agil bewegen, ein wahrer Genuss in engen Kehren trotz ihrer Halbstollenreifen. Und im Gelände war sie erstaunlich brauchbar, sogar wenn es darum ging, kleinere Sprunghügel, Spurrillen oder Löcher zu bewältigen.

Auch wenn die Neuerscheinung einige Journalisten irritierte, gab es über ihre Geländereferenzen nur wenig Zweifel. (Die Enduro-Bekleidung der frühen 1980er Jahre sieht dagegen weniger überzeugend aus).

Leichtes Gelände war die wahre Stärke der G/S.

Niemand ging so weit zu behaupten, auf einer Enduro zu sitzen, aber jeder war überrascht, dass sie ein gar nicht mal so schlechtes Geländemotorrad war!
Unsere Meinung über die G/S war eindeutig: Sie ist ein Motorrad für Abenteurer."

Cycle World (USA) 1980

Abschließend noch die Meinung der Zeitschrift *Motorrad* von 1980:

„Die G/S ist das beste Straßenmotorrad, das BMW je gebaut hat."

VERKAUFSERFOLG

Wie erfolgreich war nun die Ur-G/S? Die Presse hatte sie bei der Modellvorstellung schwer beeindruckt und die Besucher der Kölner IFMA kamen aus dem Staunen nicht heraus. Und damit noch nicht genug. Zum Verkaufsstart Anfang 1981 wurde das Ansehen der G/S nochmals kräftig angehoben, als die Werksmannschaft mit Spitzenfahrer Hubert Auriol die Rallye Paris-Dakar gewann.

Noch höher zu bewerten war das Ergebnis des französischen Polizisten Bernard Reimer, der mit seiner privaten BMW den siebten Platz erreichte. Sein Erfolg belegte das enorme Potenzial der Serien-BMW, die für diesen Einsatz nur leicht modifiziert war.

Das alles steigerte das Interesse für die neue Enduro von BMW und auch ihre Verkaufszahlen enorm. Bis Ende 1981, dem ersten Produktionsjahr der G/S, verließen 6631 Maschinen die Montagebänder der Berliner Fabrik. Das war mehr als die doppelte Anzahl, die ursprünglich geplant war. Anders ausgedrückt, war 1981 jede fünfte verkaufte BMW eine G/S. Nicht schlecht für ein Motorrad, dessen Konzept zuerst so schwer verständlich erschien.

Dieser Verkaufserfolg war natürlich die Bestätigung des G/S-Konzeptes und sicherte seine Gültigkeit für die nächsten Jahre. Letztendlich entstand mit dem folgenden unvermeidlichen Erscheinen von Mitbewerbermodellen ein neues Marktsegment mit der G/S an der Spitze. Wenn BMW diese allerdings beibehalten wollte, musste die G/S weiterentwickelt und verbessert werden.

Bis Juli 1987 hatte BMW 21.864 Exemplare der R 80 G/S verkauft.

Die Neuschöpfung aus dem Hause BMW erwies sich als sofortiger Verkaufsschlager. Im ersten Jahr wurde mehr als die doppelte Anzahl verkauft als ursprünglich geplant.

DIE „PARIS-DAKAR“

Durch die gute Berichterstattung in der Presse wuchs das Interesse der potenziellen Kundschaft, aber es waren die Erfolge bei der Rallye Paris-Dakar, die für Schlagzeilen sorgten und die herausragenden Eigenschaften des Motorrads weiter untermauerten.

Bei der Dakar 1984 siegte der belgische BMW-Fahrer Gaston Rahier vor Auriol auf der zweiten BMW. Dieser anhaltende Erfolg bei Wettbewerben und der wachsende Markt für alles denkbare Rallyezubehör gab 1984 den Anlass für das erste „Sondermodell“ der G/S: die R 80 G/S „Paris-Dakar“. (Das rallye-typische Zubehör gab es nicht nur bei BMW im Programm, sondern wurde auch von Herstellern mit Dakar-Erfahrung wie z. B. Schek und HPN angeboten. Die Palette reichte von größeren Kraftstofftanks aus diversen Materialien über Gepäck- und Navigationssysteme bis hin zu Schutzbügeln und einem Unterfahrschutz.)

Die „Dakar“, wie sie bald genannt wurde, unterschied sich von der Standard-G/S durch einen neuen 32-Liter-Tank (einschließlich einer aufgebrachten Unterschrift von Gaston Rahier) sowie einem Einzelsitz mit aufklappbarem Gepäckträger anstelle der Doppelsitzbank. Ebenfalls dabei waren Schutzbügel, die nicht nur im harten Geländeeinsatz Vorteile boten.

Anstelle der Metzeler Sahara-Reifen waren nun grobstolligere Michelins aufgezogen. All diese Komponenten konnten einzeln oder auch als Satz bezogen werden. 1984 wurden fast 3000 Einheiten abgesetzt (zuzüglich der verkauften Umrüstsätze).

Der erste Ableger erschien 1984: Die R 80 G/S „Paris-Dakar“ sollte den Erfolg der Marke bei der Rallye Paris-Dakar mit Gaston Rahier im selben Jahr zelebrieren.

TECHNISCHE DATEN — R 80 G/S PARIS-DAKAR

Neupreis:	keine Angabe
Produktionszeitraum:	nur 1984
Stückzahl:	keine Angabe
Hubraum:	798 cm³
Bohrung x Hub:	84,8 mm x 70,6 mm
Verdichtungsverhältnis:	8,2 : 1
Gemischaufbereitung:	zwei 32-mm-Gleichdruckvergaser von Bing
Leistung:	50 PS bei 6500 U/min
Drehmoment:	57 Nm bei 5000 U/min
Kraftübertragung:	5-Gang-Schaltgetriebe, Hinterradantrieb über Kardanwelle
Rahmenbauart:	Doppelschleifen-Rohrrahmen mit angeschraubtem Rahmenheck
Vorderradaufhängung:	Teleskopgabel mit 200 mm Federweg
Hinterradaufhängung:	BMW Monolever mit seitlichem Einzelfederbein, 170 mm Federweg
Vorderradbremse:	260-mm-Einscheibenbremse mit gelochter Bremsscheibe, Zweikolben-Bremszange
Hinterradbremse:	gestängebetätigte 200-mm-Trommelbremse
Reifengrößen:	3.00 x 21 vorn, 4.00 x 18 hinten
Sitzhöhe:	860 mm
Tankinhalt:	32 Liter
Trockengewicht:	167 kg
Farbe:	Alpinweiß
Höchstgeschwindigkeit:	167 km/h

Zu den Ausstattungsmerkmalen der Paris-Dakar-Version zählten ein größerer Kraftstofftank und eine Einzelsitzbank.

KAPITEL 3

Ablösung des Originals – die zweite Generation R 80/R 100 GS (1987 – 1991)

DIE RIVALEN DER R 80 G/S

Auch wenn sich die Ur-R 80 G/S mit über 20.000 verkauften Einheiten als großer Wurf erwiesen hatte, konnte BMW nicht davon ausgehen, dass die Nachfrage für ewig anhalten würde. Erfolg zieht nicht nur Bewunderer an, sondern bringt auch Nachahmer hervor. Angeregt vom Verkaufserfolg der neuen BMW-Enduro und dem wachsenden Öffentlichkeitsinteresse an der Rallye Paris-Dakar, begannen Anfang der 1980er Jahre die Mitbewerber aus Japan und später auch aus Europa ihre eigenen großen Enduros zu bauen. Hondas erster Versuch war die 1983 erschienene mutige XLV750R mit V2-Motor und Kardanantrieb. Sie litt aber unter diversen Kinderkrankheiten, bereitete allerdings den Weg für die späteren äußerst erfolgreichen Africa Twin Modelle XRV650 und XRV750.

Yamaha brachte eine Reihe Ténéré Modelle mit Einzylinder-Motor, deren Hubraum im Lauf der Zeit von 500 cm³ über 550 cm³ auf 600 cm³ anwuchs. Schließlich wurde der Einzylinder-Motor durch einen Paralleltwin abgelöst.

Von Suzukis DR-Modellen mit 500 cm³, 600 cm³ und 650 cm³ gab es teilweise ebenfalls Dakar-Versionen. Sogar der damals bereits taumelnde britische Hersteller Triumph, dessen Zeit in Meriden sich dem Ende näherte, bot eine neue Tiger Trial mit dem schon etwas betagten OHV-Twin in den Hubraumvarianten 650 cm³ und 750 cm³ an.

Die Vertreter dieser neuen Motorrad-Spezies wurden schnell als „Monster-Enduros“ bezeichnet und erfreuten sich steigender Nachfrage. Aber es war nicht nur der Verkaufserfolg der G/S, der die Mitbewerber anstachelte. Die gleichzeitig zunehmende Bedeutung und das wachsende Prestige der Rallye Paris-Dakar, die damit einhergehenden Schlagzeilen und die allgegenwärtige TV-Präsenz – besonders in Frankreich – waren wie ein Geschenk des Himmels für jeden ambitionierten Motorradhersteller. Mit einer großen Enduro bei der Dakar erfolgreich zu sein, schob nicht nur die Verkaufszahlen der normalen, für den Straßenverkehr geeigneten Versionen an – die vier Siege von BMW in den Jahren 1981, 1983, 1984 und 1985 belegen das deutlich – sondern steigerte auch die Reputation der Marke und hatte einen unschätzbaren Werbeeffekt.

Daher war es absolut logisch, dass so viele neue große Enduros auf den Markt geworfen wurden. Und mit jedem Erscheinen eines neuen Rivalen wurde immer deutlicher, dass sich BMW nicht länger auf seinen Lorbeeren ausruhen durfte. Es war an der Zeit, die führende Position in diesem Markt aktiv zu verteidigen.

Natürlich hatte BMW schon selbst erkannt, dass eine Überarbeitung erforderlich sein würde. Im Lauf der Zeit begannen sowohl die Straßen- als auch die Geländefahrer mehr von der G/S zu verlangen. Mehr Leistung war eine der Forderungen und dementsprechend hatten auch die Werks-

GEGENÜBERLIEGENDE SEITE: Die erste grundlegende Überarbeitung der G/S erfolgte 1987, als sie nicht nur durch eine, sondern zwei Versionen ersetzt wurde: Die mit „Paralever“ ausgestatteten Modelle R 80 GS und R 100 GS.

Der Erfolg der Ur-R 80 G/S ließ auch von Konkurrenzmodellen auf dem Markt erscheinen. Hondas beeindruckende, aber erfolglose XLV750R gehörte zu den Ersten.

LINKS: Honda machte schließlich Nägel mit Köpfen und brachte die gemeinsam mit HRC entwickelte „Africa Twin". Anfänglich noch mit 650 cm³ Hubraum entstand die XRV als Ableger der Paris-Dakar-Siegerin NXR750.

UNTEN: Yamaha dagegen hielt bis zur Vorstellung der XTZ750 „Super Ténéré" mit einem Zweizylinder-Motor im Jahr 1988 am Einzylinder-Konzept für die „Ténéré"-Modelle fest, allerdings mit stetig wachsendem Hubraum von 500 cm³ über 550 cm³ auf 600 cm³. Diese und andere Motorrädern verdeutlichten nachdrücklich, dass die G/S dringend eine Auffrischung benötigte.

BMW 1000 cm³ Hubraum für den Dakar-Einsatz ab 1983. Auch sollten die Geländeeigenschaften verbessert werden, genauer die Radaufhängungen und hier besonders die des Hinterrads. BMW war bewusst, dass die Laufzeit des wegweisenden Monolevers begrenzt war und dass eine Verbesserung in diesem Bereich sogar wichtiger war als jegliche Leistungssteigerung.

FRISCHZELLENKUR FÜR DIE G/S

Für die Entwicklung der zweiten G/S-Generation wurden zwei Schlüsselziele vorgegeben: Verbesserte Fahrleistungen durch Überarbeitung der Motorcharakteristik – besonders hinsichtlich der Drehmomententfaltung – sowie eine erweiterte Geländetauglichkeit durch überarbeitete Radaufhängungen. Beides waren vorhersehbare Vorhaben, aber niemand erwartete die Lösung von BMW. Im Spätsommer 1987 wurden nicht nur eine, sondern zwei neue Enduro-Modelle vorgestellt: Eine neue R 80 GS und ein größeres Schwestermodell, die R 100 GS.

Natürlich steckte in den neuen Motorrädern viel mehr als nur diese beiden Änderungen. Unmittelbar fiel eine dezente Änderung in der Modellbezeichnung auf, denn aus der G/S wurde die GS. Aber dahinter steckte mehr. Nicht nur der Schrägstrich war entfallen, um die Bezeichnung mit der Typologie der übrigen BMW-Modelle in Einklang zu bringen, sondern auch die Bedeutung der Buchstaben hatte sich geändert. „S“ stand nun für „Sport“ und weniger für „Straße“ wie bisher.

Von außen nicht unmittelbar erkennbar waren die Eigenschaften der Motoren. Während die 798 cm³-Variante der neuen R 80 GS im Prinzip vom Vorgängermodell R 80 G/S übernommen wurde, handelte es sich beim 980 cm³-Boxer der R 100 GS weder um eine aufgebohrte Version des R 80 G/S-Motors noch um ein völlig neues Triebwerk.

Stattdessen wurde der Antrieb eines anderen Modells übernommen – nämlich von der R 100 RS, die ein Jahr zuvor wieder auferstanden war.

Der Hintergrund dafür war, dass die R 100 RS 1983 aus dem Modellprogramm gestrichen wurde, um für die neue flüssigkeitsgekühlte K 100 RS Platz zu machen. Die anhaltende Kundennachfrage führte 1986 zur Wiederauflage eines in der Stückzahl begrenzten Sondermodells der R 100 RS. Nur 1000 Exemplare wurden gebaut, aber das Motorrad erwies sich als absoluter Verkaufsschlager. BMW nahm daher ab 1987 das Modell wieder in die Modellpalette auf und stellte als Tourenvariante eine neue R 100 RT daneben.

Für den Einsatz in der neuen großen GS musste BMW den luftgekühlten Boxer in einigen Punkten modifizieren. Anstelle der 32 mm-Bing-Vergaser wie bei der RS wurden größere Vergaser mit 40 mm Durchlass verwendet (hier griff man auf die Erfahrungen mit den Paris-Dakar-Maschinen zurück) und das Volumen des Sammlers in der Auspuffanlage

TECHNISCHE DATEN — R 80 GS MODELLJAHR 1987

Neupreis:	ca. 10.950 DM	**Hinterradaufhängung:**	Paralever mit Boge-Einzelfederbein, Federvorspannung einstellbar
Produktionszeitraum:	1987 – 1990	**Vorderradbremse:**	285-mm-Einscheibenbremse mit Zweikolben-Bremszange von Brembo
Stückzahl:	keine Angabe	**Hinterradbremse:**	gestängebetätigte 200-mm-Trommelbremse
Hubraum:	797,5 cm³	**Reifengrößen:**	90/90 x 21 vorn, 130/80 x 17 hinten
Bohrung x Hub:	84,8 mm x 70,6 mm	**Sitzhöhe:**	850 mm
Verdichtungsverhältnis:	8,2 : 1	**Tankinhalt:**	26 Liter
Gemischaufbereitung:	zwei 32-mm-Gleichdruckvergaser von Bing	**Gewicht vollgetankt:**	210 kg
Leistung:	50 PS bei 6500 U/min	**Farbe:**	Alpinweiß, Marrakeschrot, Avusschwarz
Drehmoment:	61 Nm bei 3750 U/min	**Höchstgeschwindigkeit:**	167 km/h
Getriebe:	5-Gang-Schaltgetriebe, Hinterradantrieb über Kardanwelle		
Rahmenbauart:	Doppelschleifen-Rohrrahmen mit angeschraubtem Rahmenheck		
Vorderradaufhängung:	Marzocchi-Teleskopgabel mit 40 mm Standrohrdurchmesser		

TECHNISCHE DATEN — R 100 GS MODELLJAHR 1987

Neupreis:	ca. 13.400 DM
Produktionszeitraum:	1987 – 1991
Stückzahl:	keine Angabe
Hubraum:	980 cm³
Bohrung x Hub:	94 mm x 70,6 mm
Verdichtungsverhältnis:	8,5 : 1
Gemischaufbereitung:	zwei 40-mm-Gleichdruckvergaser von Bing
Leistung:	60 PS bei 6500 U/min
Drehmoment:	76 Nm bei 3750 U/min
Getriebe:	5-Gang-Schaltgetriebe, Hinterradantrieb über Kardanwelle
Rahmenbauart:	Doppelschleifen-Rohrrahmen mit angeschraubtem Rahmenheck
Vorderradaufhängung:	Marzocchi-Teleskopgabel mit 40 mm Standrohrdurchmesser
Hinterradaufhängung:	Paralever mit Boge-Einzelfederbein, Federvorspannung einstellbar
Vorderradbremse:	285-mm-Einscheibenbremse mit Zweikolben-Bremszange von Brembo
Hinterradbremse:	gestängebetätigte 200-mm-Trommelbremse
Reifengrößen:	90/90 x 21 vorn, 130/80 x 17 hinten
Sitzhöhe:	850 mm
Tankinhalt:	26 Liter
Gewicht vollgetankt:	210 kg
Farbe:	Alpinweiß, Marrakeschrot, Avusschwarz
Höchstgeschwindigkeit:	180 km/h

Sieht man einmal von dem größeren Hubraum ab, war die wichtigste Weiterentwicklung an der neuen GS das völlig neue, hervorragend arbeitende Paralever-System der Hinterradaufhängung.

wurde von 1,5 Liter auf 3,8 Liter vergrößert. Das Zusammenwirken der beiden Änderungen erhöhte das Drehmoment im unteren Drehzahlbereich und reduzierte die Geräusche.

Zusätzlich erhielten die Zylinderköpfe Ventilsitzringe, die für bleifreien Kraftstoff geeignet waren, da dessen Verbreitung stetig zunahm. Die Kipphebelführungen wurden ebenfalls überarbeitet, um die mechanische Laufruhe zu verbessern. Und schließlich wurde ein neuer elektrischer Anlasser eingebaut, der 2 kg leichter war und denen der K-Modelle ähnelte. Als Leistung gab BMW 60 PS bei 6500 U/min an; volle 10 PS mehr als bei der überarbeiteten R 80 GS, deren unveränderter Motor mit seinen knapp 800 cm³ wie zuvor 50 PS bei 6500 U/min leistete.

Neue Wege bei der Radaufhängung

Wesentlich bedeutsamer als der größere Hubraum waren wahrscheinlich das verbesserte Handling und der erhöhte Fahrkomfort der beiden neuen Modelle aufgrund der überarbeiteten Radaufhängungen und des völlig neuen Paralever-Systems. Wenn auch der Monolever der R 80 G/S (die erste serienmäßige Einarmschwinge an einem leistungsstarken Motorrad) als Meilenstein gefeiert wurde, war es BMW bewusst, dass hier noch Raum für Verbesserungen war.

Sein Erfolg und das Lob der Kritiker reichten aus, um die BMW-Oberen zu überzeugen, ein Jahr nach der G/S die restli-

PARALEVER

1980 führte BMW die Hinterradaufhängung mittels Einarmschwinge ein, die als Monolever bezeichnet wurde. Auch wenn sich das System als sehr erfolgreich erwies und die gesamte Boxer-Palette über etliche Jahre damit ausgestattet war, kristallisierten sich rasch zwei Nachteile heraus: So konnte damit nicht das dem Kardanantrieb innewohnende Aufstellmoment eliminiert werden, das beim Beschleunigen die Hinterradfederung verhärtet. Besonders im Geländeeinsatz machte sich diese Eigenart unangenehm bemerkbar. Zusätzlich verstärkte jede Erhöhung des zu übertragenden Antriebsmoments diese lästige Erscheinung bis an die Fahrbarkeitsgrenze.

BMW beschäftigte sich mit diesem Sachverhalt schon seit den 1950er Jahren. Für das RS-Solo-Rennmotorrad entwickelte der damalige BMW-Ingenieur Alex von Falkenhausen 1954 eine patentierte Kardanschwinge mit Parallelogrammführung. Sein Ziel war es, den Effekt zu minimieren, allerdings kam es zu keiner Serienproduktion des Systems. Dafür bestand seinerzeit kein Bedarf, da bei den damaligen Motorleistungen und Federwegen der damit verbundene technische Aufwand zu groß war.

Mit dem Engagement im Geländesport und dem Erscheinen der R 80 G/S änderte sich das schlagartig. Schon 1981, noch bevor sozusagen die Farbe des ersten Serienmotorrads getrocknet war, begannen die Ingenieure bereits mit der Entwicklung eines Nachfolgesystems für den Monolever. Die Aufgabenstellung war schnell formuliert: Die Hinterradaufhängung sollte so ausgeführt sein, dass die beschriebenen Kardanreaktionen nicht mehr auftreten können und der gesamte Antrieb den härtesten Belastungen im Geländeeinsatz gewachsen ist.

Die leitenden Entwicklungsingenieure des Projekts waren die Fahrwerksspezialisten Rene Hinsberg und Horst Brenner. Es steht nicht genau fest, inwieweit auf von Falkenhausens Arbeit zurückgegriffen wurde. Sicher ist, dass die neue Lösung, die auf seinem Konzept basierte und nun „Paralever" genannt wurde, in Rekordzeit entstand. Zum Patent wurde das System bereits im November 1983 angemeldet, ging aber erst 1987 in Produktion.

Der wesentliche Unterschied zum Entwurf von 1950 lag darin, dass die neue Version als Einarmschwinge aus Aluminiumguss ausgeführt war. Dadurch war sie trotz ihrer komplexeren und voluminöseren Ausführung kaum schwerer als der bisherige Monolever.

Im wesentlichen handelt es sich hier um eine Aufhängung, die auf einem Parallelogramm basiert (daher der Name) – ein Prinzip, das mehr von Vorderradaufhängungen bekannt ist. Durch zwei Drehgelenke entsteht ein bewegliches Parallelogramm, das die Antriebskräfte von der Kinematik der Hinterradaufhängung weitgehend trennt und damit das Aufstellmoment eliminiert.

Nach einer Reihe äußerst umfangreicher Tests (die zu einem gewissen Teil die lange Zeitspanne zwischen der Patentanmeldung 1983 und der Serienfertigung 1987 erklärt) erwies sich die Neuentwicklung als so wirkungsvoll, dass BMW sich dafür entschied, den Paralever an der neuen R 80 und R 100 GS als besonderes technisches Merkmal einzuführen.

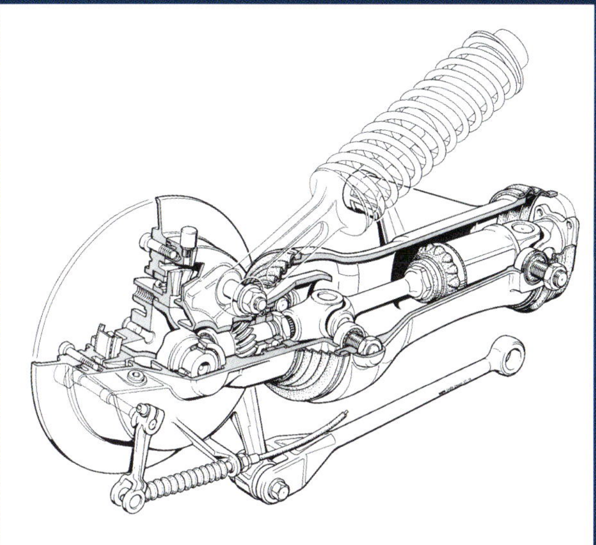

Der Paralever verringert mit seinem „Doppelgelenk" die einem Wellenantrieb innewohnenden Reaktionen auf das Antriebsmoment, die sich nachteilig auf die Funktion der Hinterradaufhängung auswirken.

BARON ALEXANDER VON FALKENHAUSEN – „BARON BMW“

Baron Alexander von Falkenhausen war mehr als der Mann hinter der Idee des Paralevers, dem technischen Meisterstück der R 80/R 100 GS.
Wahrscheinlich beeinflusste er den Verlauf der BMW-Geschichte mehr als jede andere Persönlichkeit.
Der Münchener von Falkenhausen begann 1934 seine Karriere als Rennfahrer und Konstrukteur in der Motorradabteilung der Bayerischen Motoren Werke. Später wechselte er in den Automobilbereich. Nach dem Krieg und einer Phase als eigenständiger Rennwagenhersteller kehrte er 1954 zu BMW zurück und wurde Chef der Rennsportabteilung.
Das alleine würde schon reichen, um den beruflichen Werdegang der meisten Leute abzuschließen, aber von Falkenhausen war noch lange nicht am Ende angelangt. Ab 1957 übernahm er zusätzlich die Gesamtverantwortung für die BMW-Motorenentwicklung und ging erst 1976 im Alter von 79 Jahren als ältester Mitarbeiter in den Ruhestand. Er starb am 28. Mai 1989 im Alter von 92 Jahren.
Als Kind einer militärisch geprägten Familie im wohlhabenden Stadtteil Schwabing geboren, trat von Falkenhausen mit 17 Jahren nicht wie vorgesehen in die Armee ein, sondern bestritt sein erstes Motorradrennen – ein Bergrennen – und erreichte auf Anhieb den zweiten Platz. Nach der Absolvierung der Oberschule besuchte er die Technische Universität in München und studierte Maschinenbau mit den Schwerpunkten Kraftfahrzeuge und Flugmotoren. Noch vor dem Ende seines Studiums erhielt er von BMW einen Vertrag als Rennfahrer. Am Wochenende bestritt er für BMW Geländewettbewerbe und unter der Woche arbeitete er an der Entwicklung von Motorradrahmen. 1936 ersann er eine neue Hinterradaufhängung für sein Geländemotorrad und gewann prompt 1936 und 1937 Goldmedaillen bei den International Six Days Trial, einer der härtesten Geländesportveranstaltungen überhaupt. Im Jahr darauf ging seine Idee mit der R 51 in die Serienproduktion. Von Falkenhausen widmete sich mehr und mehr den Autorennen und obwohl seine Karriere durch den Zweiten Weltkrieg unterbrochen wurde, gewann er 1948 die Deutsche Sportwagen Meisterschaft in einem leichten, selbstgebauten Roadster.
AFM-Wagen (Alex von Falkenhausen, München) hatten wiederholte Rennerfolge, die Verkaufserfolge blieben jedoch aus und der Ingenieur musste 1954 ein Angebot von BMW annehmen, wieder zurückzukehren. Hier war er nun Chef der Rennabteilung und leitete auch die Entwicklung der Straßenrennmotorräder. Dabei entstand der Vorläufer des Paralevers – eine Aufhängung, bei der das Hinterrad in einer

Alexander von Falkenhausen (rechts im Bild) war mehr als nur der Kopf hinter dem Paralever. Er war eine BMW-Legende auf zwei und vier Rädern und begann seine Laufbahn dort bereits in den 1930er Jahren.

Der „Weißblaue Lord" beendete 1976 im Alter von 79 Jahren als ältester BMW-Mitarbeiter seine berufliche Laufbahn. Er starb 1989.

parallelogrammförmigen Aufnahme geführt wurde und die Antriebswelle dafür zwei Gelenke aufwies.

Ab dem 1. Mai 1957 übernahm von Falkenhausen auch die Verantwortung für die Motorenentwicklung von BMW. In dieser Zeit entstanden die neuen leistungsstarken Vierzylinder-Motoren, die auch in die „Neue Klasse" eingebaut wurden.

Der Motorentyp debütierte im BMW 1500, später erhielten ihn auch die Modelle 1600, 1800 und 2000. Er sollte von 1962 bis 1988 das Rückgrat der Motorisierung der BMW-Modellpalette bilden und war auch die Basis für die Rennerfolge von BMW in der Formel 2 und bei den Tourenwagen.

Aber von Falkenhausen hatte noch nicht genug. An Weihnachten 1968 verblüffte er seine Kollegen, als er sein nächstes Projekt ankündigte: „Wir probieren es mit einem Turbolader!" Das Ergebnis war überzeugend. Die Leistung des 2002 im Renntrimm stieg von 200 auf 280 PS – das reichte aus, um 1969 vier Läufe in der Tourenwagen-Europameisterschaft und damit den Titel ein weiteres Mal zu gewinnen. Vier Jahre später begann die Serienproduktion des BMW 2002 Turbo, das erste serienmäßige europäische Auto mit Turboaufladung. Nelson Piquet wurde 1983 mit dem Brabham-BMW BT52 der erste Formel-1-Weltmeister mit einem Turbomotor. Wieder einmal hatte von Falkenhausen ein Siegerlächeln im Gesicht. Kein Wunder, dass er als der „Weißblaue Lord" bekannt war.

che Palette der Boxermodelle damit auszurüsten und später sogar die 1983 eingeführten neuen K-Modelle. Jedoch war bereits die Erkenntnis gereift, dass sich damit die systembedingten Reaktionen des Kardanantriebs beim Beschleunigen bzw. Gaswegnehmen nicht ausschließen lassen würden.

Weitaus gravierender für die geplante neue GS war die Tatsache, dass die Kardanreaktionen besonders im Gelände spürbar waren. Beim Beschleunigen verhärtet sich die Hinterradfederung, womit etwas eintritt, was der Fahrer im Geländeeinsatz eigentlich nicht brauchen kann. Fatalerweise würde das höhere Drehmoment der neuen R 100 GS diese Reaktion weiter verschlimmern. Kurz – es musste etwas passieren.

Praktischerweise konnte BMW auf eine bereits vorhandene Lösung zurückgreifen. In den 1950er Jahren hatte der BMW-Ingenieur Alexander von Falkenhausen für die werkseigenen Straßenrennmotorräder eine neuartige Schwinge mit Doppelgelenk und Drehmomentabstützung entwickelt. 1955 wurde die Maschine von Walter Zeller versuchsweise mit dieser Schwingenkonstruktion ausgerüstet.

Obwohl das System nicht in die Serienfertigung gelangte, hatte von Falkenhausen ein gutes Gespür und ließ sich die Konstruktion patentieren. Dreißig Jahre später wurde die Idee, nun als „Paralever" bezeichnet, wieder aufgegriffen, überarbeitet und in der neuen GS eingebaut.

Der Paralever war nicht die einzige Fahrwerksänderung an den neuen GS-Modellen. Sowohl der Doppelschleifenrahmen als auch das Rahmenheck wurden verstarkt und auch die vordere Radaufhängung wurde ersetzt. Vorne übernahm

Überall an der GS fanden sich Neuerungen. Die überarbeitete und verstärkte Vorderradgabel lieferte nun der darauf spezialisierte italienische Hersteller Marzocchi.

nun eine neue, kräftiger dimensionierte Teleskopgabel von Marzocchi mit längeren Federwegen die Radführung. Das BMW Werksteam hatte bereits etliche Jahre erfolgreich mit diesem italienischen Hersteller zusammengearbeitet. Um eine wegabhängige Dämpfung (damals eine technische Neuheit) der deutlich verstärkten Gabel zu ermöglichen, war der linke Gabelholm mit einem konventionellen Innenleben versehen, während im rechten Holm eine konische Hülse eingebaut war, die mit einem Dämpfungsventil zusammenarbeitete. Dadurch war die Druckstufe zu Beginn des Einfederwegs nur schwach gedämpft, wodurch der Fahrkomfort erhöht wurde.

Mit zunehmendem Einfederweg verschloss der Konus das Ventil, wodurch die Dämpfung verhärtet wurde. Damit war die Gabel auch den hohen Belastungen nach einem Sprung im Gelände problemlos gewachsen.

In Verbindung mit den äußerst biegesteifen Gabelholmen konnte die Aufhängung weich abgestimmt werden und war durch lange Federwege sehr komfortabel. Gleichzeitig war gegen Ende des Federwegs eine starke Dämpfung vorhanden, um ein Durchschlagen der Gabel zu verhindern. Der vordere Federweg der GS war nun auf 225 mm angestiegen, der hintere auf 180 mm. Zum Vergleich: Die bisherige G/S wies hier 200 mm bzw. 170 mm auf.

FIG. 1

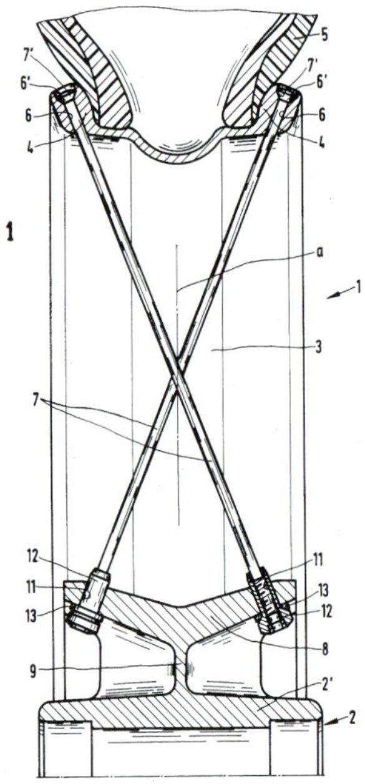

Eine weitere pfiffige Neuheit war das „Kreuzspeichenrad". Hier greifen die Speichen an der Außenseite der Felge an und ermöglichen so das Aufziehen moderner Schlauchlosreifen.

Weitere Änderungen

Eine ebenfalls revolutionäre Neuerung neben dem Paralever war ein neues „Kreuzspeichenrad", bei dem die Radspeichen an der Außenkante der Aluminiumfelgen angriffen. Die Konstruktion weist vier wesentliche Vorteile auf: Erstens erlaubt sie die Verwendung von modernen Schlauchlosreifen, die eine geringere Anfälligkeit für Luftverlust bzw. Beschädigung haben. Zweitens lassen sich beschädigte Speichen austauschen, ohne dass dafür das Rad ausgebaut und der Reifen von der Felge abgenommen werden musste.

Drittens verlieh der „flachere" Speichenwinkel dem Rad als Ganzes eine höhere Elastizität, die es sehr widerstandsfähig gegen äußere Einwirkung und Überlastung machte. Und nicht zuletzt entstand bei dieser Radausführung mehr Freiraum für die Montage größerer Bremsscheiben und

Auf die Beliebtheit der vorigen Paris-Dakar G/S zurückzuführen ist die serienmäßige Ausstattung der neuen GS-Modelle mit einem großen 26-Liter-Tank.

OBEN: Als günstigere Variante der beiden neuen Modelle wurde die R 80 GS ohne den Windabweiser ausgeliefert, der an der R 100 GS serienmäßig vorhanden war.

RECHTS: Natürlich war der Windabweiser als aufpreispflichtiges Zubehör erhältlich. Das an Umfang ständig wachsende Angebot an Zubehör wurde zum Objekt der Begierde vieler GS-Fahrer.

Die Neuvorstellung – hier die GS 100 – war eigentlich nur eine Evolutionsstufe des Urmodells, und trotzdem fühlte es sich an, als sei sie in jedem Bereich besser geworden.

Bremszangen. Und genau das brauchte BMW jetzt und in der Zukunft.

Eine weitere häufige Kundenforderung (neben Mehrleistung und Fahrwerksverbesserung) war ein größerer Kraftstofftank. BMW reagierte und vergrößerte das Tankvolumen der neuen GS von 19,5 Liter auf sehr brauchbare 26 Liter – mehr als bei der alten G/S, aber etwas weniger als bei der vorigen Paris-Dakar-Version mit ihren 32 Litern Inhalt.

Zusätzlich bot eine längere und breitere Sitzbank erhöhten Komfort, während bei der R 100 GS erstmals ein kleiner lenkerfester Windabweiser serienmäßig vorhanden war (für die R 80 GS als Zubehör erhältlich).

Am ganzen Motorrad fanden sich weitere Detailänderungen. Der neue, längere und stabilere Heckrahmen bot Platz für eine leistungsstärkere Batterie. Aus Sicherheitsgründen waren nun auch vier Radschrauben vorhanden anstelle der bisherigen drei an der R 80 G/S. Der neue, wie zuvor abschließbare Tankdeckel war nun so gestaltet, dass er sich leichter mit einem Kanister betanken ließ, was beim Geländefahren eine praktische Sache war.

Und mehr noch: Eine große Leichtmetallplatte am Mittelständer schützte jetzt nicht nur die Ölwanne des Motors, sondern auch den Sammler der Auspuffanlage. Der vordere Kotflügel war weiterhin an der oberen Gabelbrücke befestigt, war aber jetzt im Windkanal optimiert worden, um die bei hohen Geschwindigkeiten (Autobahnfahrten) auftretenden Turbulenzen zu verringern.

Die neue R 80 GS brachte zwar 15 kg mehr auf die Waage als die alte G/S, aber ein Drittel davon ging auf das Konto des neuen, deutlich größeren Kraftstofftanks. Die anderen 10 kg Mehrgewicht wurden durch die massivere Gabel, den verstärkten Rahmen, die leistungsfähigeren Bremsen usw. verursacht, was angesichts der damit verbundenen Vorteile gerne in Kauf genommen wurde.

PRESSESTIMMEN UND ÖFFENTLICHKEITSINTERESSE

Am 24. August 1987 wurden die neuen Modelle erstmals der Presse vorgestellt. Diesmal war das italienische Florenz als Ort des Geschehens auserkoren worden – der Platz war zwar ein anderer als bei der Präsentation des Ur-Modells, aber die Reaktion der Presse war genauso positiv. Die deutsche Zeitschrift „Tourenfahrer“ (Novemberausgabe 1987) war nicht die einzige, die ein Loblied auf die neue Version anstimmte: „Der Antrieb ist eine einzige Freude. Satt und ohne zu ruckeln zieht der bullige Boxer schon aus den niedrigsten Drehzahlen durch ... Es ist diese Mühelosigkeit, die diese Super-Enduro von der G/S unterscheidet.“

Nicht nur die Journalisten waren überzeugt. Wieder einmal schlossen die potenziellen Käufer die GS in ihr Herz. Wenn die Ur-G/S bereits ein Verkaufsschlager war, dann traf das noch mehr auf die neuen R 80 und R 100 GS zu, die sich noch größerer Nachfrage erfreuten. Bis 1996 wurden über 45.000 Einheiten der beiden Motorräder an den Mann bzw. die Frau gebracht, wobei mehr als 75% der Kunden die 1000-cm³-Variante wählten – trotz ihres höheren Preises. Auf dem deutschen Markt katapultierte sich die R 100 GS un-

Die Pressevorstellung fand dieses Mal nicht in Frankreich, sondern im italienischen Florenz statt.

Zwar war der Veranstaltungsort ein anderer, das Ergebnis dagegen identisch. Die neuen GS-Modelle erhielten begeisterte Kritiken von der Weltpresse.

mittelbar auf Rang 1 der Zulassungsstatistik und blieb dort für Monate. Besser hätte die Entscheidung von BMW für die Leistungssteigerung nicht bestätigt werden können.

Der König ist tot. Lang lebe der König.

R 65 GS – DIE DRITTE IM BUNDE

Die Geschichte lehrt jedoch, dass es nicht nur zwei neue GS-Modelle in den späten 1980er Jahren gab, tatsächlich waren es drei (oder vier, wenn man die Paris-Dakar mit dazu zählt). Dieses dritte Motorrad war die kurzlebige R 65 GS. Sie war nur in Deutschland im Programm und ein Zugeständnis an die neue deutsche Führerscheinregelung.

Hintergrund dafür war, dass ab dem 1. April 1986 in der Bundesrepublik Deutschland Führerscheinneulinge nur Motorräder mit einer Leistung von bis zu 27 PS fahren durften. BMW reagierte darauf mit der R 65 GS und bot exklusiv in Deutschland ab Dezember 1987 die ehemalige R 80 G/S mit Monolever und einem 27 PS starken Motor der R 65 an.

OBEN: Die neue R 80 GS war in vielen Bereichen verbessert worden, angefangen von den Fahreigenschaften auf und abseits der Straße bis hin zum Langstreckenkomfort für Fahrer und Beifahrer.

LINKS: In der hubraumstärkeren Version waren die Fahrleistungen natürlich noch überzeugender und der Fahrkomfort durch die bessere Ausstattung auch etwas höher.

DIE WICHTIGSTEN ÄNDERUNGEN AUF EINEN BLICK

- Kein Bindestrich mehr zwischen G und S
- Hinterradaufhängung: Monolever der G/S durch Paralever ersetzt, gilt als die wichtigste Änderung. Durch die Ausführung in Leichtmetallguss trotz größerer Dimensionen nur 1,6 kg schwerer als der Monolever.
- Einführung neuer patentierter „Kreuzspeichenräder" (Speichen greifen an der Felgenaußenseite an) zur Montage schlauchloser Reifen
- Rahmen und Heckrahmen verstärkt
- Neue Vorderradgabel von Marzocchi mit 40 mm Standrohrdurchmesser (bisher 36 mm) und längerem Federweg
- Vorderradbremsscheibe mit 285 mm Durchmesser (bisher 260 mm), größere Brembo-Bremszange
- Tankinhalt von 19,5 Liter auf 26 Liter erhöht
- Neue Reifendimensionen: Vorne 90/90 x 21 (bisher 3.00 x 21), hinten 130/80 x 17 (bisher 4.00 x 18)
- Längere und breitere Sitzbank mit verbesserter Polsterung aus einem Mix aus Schaum und Latex. Erstmals als Option erhältlich: Höhere Sitzbank mit 880 mm Sitzhöhe
- Neuer serienmäßiger Windabweiser (nur R 100 GS)

Als Basis diente die G/S, weil BMW das Motorrad so anfängerfreundlich und günstig wie möglich anbieten wollte und es sich klar von den großen GS-Modellen abgrenzen sollte. Die G/S war leichter, zierlicher und niedriger als die neue GS und auch günstiger in der Herstellung. Allerdings blieb der Verkaufserfolg aus. Trotz eines Verkaufspreises unter 10.000 DM und einer guten Presse gelang es ihr nicht, aus dem Schatten der großen, strahlenden Schwestermodelle herauszutreten. Lediglich 1727 Einheiten konnten verkauft werden – recht wenig im Vergleich zu den Zahlen, die BMW für die 800-cm³-Version erzielt hatte. Nach nur drei Jahren zog BMW die Konsequenz und ersetzte die R 65 GS durch eine neue, auf 27 PS beschränkte Version der R 80 GS.

Nur in Deutschland im Programm: Die kurzlebige R 65 GS, mit der BMW auf den damaligen Stufenführerschein reagierte.

DIE PARIS-DAKAR-VERSION VON 1988

Wesentlich erfolgreicher als die R 65 GS war eine neue Paris-Dakar-Version der R 100 GS. Wie schon das Vorgängermodell R 80 G/S Paris-Dakar entstand die neue R 100 GS Paris-Dakar aus der Idee heraus, das ideale Reisemotorrad für die entlegensten Wege dieses Planeten anzubieten. Nach den positiven Erfahrungen mit der vorherigen Dakar-Version und dem aufgebauten Selbstvertrauen durch vier Siege bei dieser materialmordenden Rallye war BMW dieses Mal jedoch schneller mit der Vermarktung.

Bereits auf der IFMA 1988, weniger als ein Jahr nach der Einführung der neuen GS-Modelle, zeigte BMW seine neue Paris-Dakar. Sie unterschied sich durch etliche besondere Bauteile: Ein Kunststofftank mit 35 Liter Fassungsvermögen, in den ein abschließbares, ca. 5 Liter großes Staufach integriert war. Dazu kam eine schlanke, rahmenfeste Verkleidung, die mit einem getönten Windabweiser versehen war. Ein Sturzbügel aus Stahl diente gleichzeitig auch als Verkleidungsträger. Die Verkleidung war mit vier Schrauben am Träger sowie zwei Schrauben am Rahmen befestigt und nahm die Instrumente auf: Tachometer, Drehzahlmesser, Anzeigeleuchten sowie eine Uhr. Den Rechteckscheinwerfer hatte man von der K 75 S übernommen.

Außerdem enthalten waren ein größerer Motorschutz aus Aluminium (von BMW als Unterfahrschutz bezeichnet), ein breiterer vorderer Kotflügel samt integriertem Verstärkungsblech und eine Einzelsitzbank mit Gepäckträger.

Anfänglich wurden nur die Teile zur Nachrüstung angeboten. Es gab sie entweder in weißer oder roter Lackierung, um den Kunden die Möglichkeit zu geben, ihr Motorrad individueller zu gestalten. Ab März 1989 gab es schließlich das komplette Motorrad zu kaufen.

Und damit noch nicht genug. BMW erweiterte erheblich das Angebot für Zubehör und Fahrerbekleidung, von Helmen bis hin zu speziell angepassten Koffersystemen.

Als Nachfolgerin der ursprünglichen R 80 G/S Paris-Dakar von 1984 erschien 1988 die neue R 100 GS Paris-Dakar. Zuerst gab es nur die Einzelteile zum Nachrüsten, ab März 1989 wurde schließlich das komplette Motorrad angeboten.

LETZTE ÄNDERUNGEN

Die zweite GS-Generation wurde 1990 weiter überarbeitet. So wurde ein Sportfahrwerk-Umbausatz ins Programm aufgenommen, der als Gemeinschaftsprojekt von BMW und dem holländischen Hersteller White Power entstanden war. Der Satz enthielt verstärkte Gabelfedern mit progressiver Federkennlinie sowie ein sportlich abgestimmtes hinteres Federbein mit diversen Einstellmöglichkeiten.

Außerdem erhielten die GS-Modelle, so wie alle BMW-Boxer des Modelljahrs 1990, eine überarbeitete hintere Trommelbremse. Die Bremsbelagbreite war von 25 mm auf 27,5 mm erhöht worden und die Bremsbacken stützen sich an neuen Aufnahmen ab.

Weitere Modifikationen waren die tiefere Montage des vorderen Kotflügels, nun direkt über dem Vorderrad und ein neuer Fußbremshebel mit einem geänderten Übersetzungsverhältnis. Ab September 1990 wurde ein Sekundär-Luft-System (SLS) angeboten.

Für 150 DM Aufpreis verringerte dieses System den Kohlenmonoxidgehalt der Abgase um 40% und den Ausstoß an unverbrannten Kohlenwasserstoffen um 30%.

In dieser Form verblieben die beiden GS-Modelle bis zur nächsten wesentlichen Überarbeitung im Modelljahr 1991.

SLS

Wie alle anderen Boxer-Modelle konnten auch die beiden GS-Motorräder ab September 1990 mit dem Sekundär-Luft-System (SLS), einem neuen Abgasreinigungssystem von BMW bestellt werden. Dieses Extra war allerdings aufpreispflichtig. Das bereits in den USA und der Schweiz erprobte System arbeitet mit dem Prinzip der Abgasnachverbrennung. BMW gab an, dass damit der Ausstoß an unverbrannten Kohlenwasserstoffen um 30% und der des Kohlenmonoxids um 40% sinken würde, ohne Nachteile bei der Motorleistung oder beim Kraftstoffverbrauch hinnehmen zu müssen.

Bedingt durch das Viertaktprinzip entstehen im Auspuffsystem pulsierende Druckschwankungen, die zwei Membranventile im Luftfilterkasten bewegen. Im geöffneten Zustand kann Frischluft über Stahlrohre unmittelbar hinter dem Auslassventil in das Auspuffsystem eintreten. Durch die hohen Temperaturen wird eine Nachverbrennung der Schadstoffe HC (Kohlenwasserstoff) und CO (Kohlenstoffmonoxid) eingeleitet.

Im Schiebebetrieb schaltet ein zusätzliches unterdruckgesteuertes Ventil (im linken SLS-Ventil) die Luftzufuhr beider Zuleitungen ab und verhindert dadurch ein eventuelles Auspuffknallen.

R
80
GS
BMW
BMW
R 100

KAPITEL 4

Erneut überarbeitet – die R 80 GS / R 100 GS (1991 – 1993)

BEDEUTSAME MODELLPFLEGE

Anlässlich des zehnten Geburtstags der GS-Baureihe erfuhren die R 80 GS und R 100 GS für das Modelljahr 1991 eine angemessene Überarbeitung. Die 1990 auf der IFMA in Köln vorgestellten Maschinen waren keine neuen Modelle, sondern zeigten in erster Linie kosmetische Änderungen. So gab es keine revolutionären technischen Änderungen wie der bei den Vorgängern eingeführte Monolever bzw. Paralever. Stattdessen war der größte Unterschied das Aussehen der neuen GS. Um genauer zu sein, die neuen rahmenfesten Frontverkleidungen, die nun beide Boxer-Enduros schmückten.

In Wahrheit war nicht einmal die Verkleidung neu. Tatsächlich handelte es sich im Prinzip um die Verkleidung des Paris-Dakar-Modells, das seit 1989 angeboten wurde. Der Erfolg dieses Motorrads führte bei BMW zu der Erkenntnis, dass der Langstreckenkomfort des Paris-Dakar-Modells bei der Kundschaft hoch im Kurs stand – auch und besonders bei denen, die überwiegend auf Asphaltstraßen unterwegs waren. So wurde entschieden, dass als wesentliche Änderung die R 80 GS und R 100 GS für das Modelljahr 1991 in der Standardausführung die Verkleidung der Paris-Dakar-Maschine erhalten sollten. In diesem Zug entfiel der einfache Windabweiser der bisherigen R 100 GS (der gegen Aufpreis auch für die R 80 GS erhältlich war) und damit der kleine runde Scheinwerfer.

Übernommen von diesem Modell wurde auch der außenliegende Rohrrahmen, an dem die Verkleidung befestigt war. Dieser wiederum war mit dem Hauptrahmen verschraubt. Neu – nicht nur für dieses Modell, sondern auch für die restliche Motorradwelt – war die Einstellmöglichkeit der Verkleidungsscheibe („Windabweiser" im BMW-Jargon) in der Höhe und im Anstellwinkel. Der rechteckige, leuchtstarke Scheinwerfer wurde von der dreizylindrigen K 75 S übernommen.

GEGENÜBERLIEGENDE SEITE: 1991 erhielten die R 80/R 100 GS eine in erster Linie kosmetische Modellpflege. Hier werden die beiden Modelle bei der Pressevorstellung in England neben einer ebenfalls überarbeiteten K 100 LT präsentiert.

Innerhalb der Verkleidung befand sich die Instrumenteneinheit, die auch wieder von der Paris-Dakar übernommen wurde, mit zwei neuen, 100 mm großen Rundinstrumenten.

Der Tachometer befand sich links, der Drehzahlmesser rechts und dazwischen unter einer durchsichtigen Abdeckung hatten die Kontrollleuchten ihren Platz. Die R 80 GS und die R 100 GS trugen nun beide eine Verkleidung, aber nur die große GS erhielt einen Ölkühler und Sturzbügel samt Seitenständer. Hintergrund war, dass der größere Motor höhere Betriebstemperaturen erreichte und ein Platz zum Anschrauben des erforderlichen Ölkühlers benötigt wurde. So wurde der Kühler relativ exponiert auf dem rechten Sturzbügel befestigt. Mit dieser Zusatzausstattung sollte auch der höhere Preis des großen Modells teilweise gerechtfertigt werden.

Neben der Verkleidung fanden sich noch weitere Änderungen an den beiden neuen GS-Modellen. Den vorderen Kotflügel gab es nun wahlweise für die Montage an der Gabelbrücke oder direkt über dem Vorderrad. Am Lenker waren nun die modernen Schaltereinheiten der BMW K-Modelle verbaut, womit die Bedienung komfortabler und einfacher sein sollte (besonders mit dicken Handschuhen). Allerdings gaben die auf die Lenkerenden aufgeteilten Blinkerschalter über Jahre hin Anlass zu Diskussionen. Im Gegensatz zu den K-Modellen fehlte die automatische Blinkerrückstellung. Der Grund dafür war einfach: Die GS hatte nicht den dazu erforderlichen elektronischen Tachometer.

Übernommen von den K-Modellen wurde dagegen die obere Gabelbrücke, weil sich laut BMW mit der dort verwendeten Einstellvorrichtung das Lenkkopflager genauer und dauerhafter justieren ließ.

Die vielleicht wichtigste Änderung fand sich an der Vorderradbremse. Während die Bremszange identisch blieb, wurde die Verbindung zwischen der Bremsscheibe und dem an der Radnabe befestigten Bremsscheibenträger modifiziert. Die Bremsscheibe war nun schwimmend, sie war also nicht mehr starr montiert, sondern konnte sich in ihren Aufnahmepunkten auf dem Träger seitlich bewegen. Dadurch können sich die Bremsbeläge immer optimal an die Reibfläche der Bremsscheibe anlegen, was den Druckpunkt der

Die GS ist weiterhin meine bevorzugte BMW und diese Paris-Dakar Version ist definitiv die Beste bis jetzt. Für zwei Wochen war sie mein Alltagsgefährt, mein Kurvenwetzhobel, mein Lastwagen, mein Freund. Sie hatte Heizgriffe, hervorragende Seitenkoffer, war komfortabel und hat einfach mächtig Spaß bereitet.

Phil West, Zeitschrift „Bike" 1993

Autor Phil West testet schon bald nach der Pressevorstellung die Paris-Dakar ausgiebig für die Zeitschrift „Bike".

Bremse und die Verzögerung verbessert. Die Bremsscheibe neigt bei hoher Belastung weniger zum Verzug, da die auftretenden Wärmeverspannungen geringer sind. Als Nebeneffekt war damit auch das lästige Bremsenquietschen weitgehend beseitigt, das bei der alten Version häufig auftrat.

Eine weitere Modifikation betraf den Kraftstofftank, ausgelöst durch den Wunsch der Fernreisenden nach mehr Transportmöglichkeiten für Gepäck an der GS. Der bisherige eingeschraubte Kunststofftankverschluss mit Belüftungsschlauch im Enduro-Stil wurde durch einen flachen, eingelassenen und abschließbaren Deckel aus Leichtmetall abgelöst.

Damit erhöhte sich nicht nur der Schutz gegen Langfinger oder Vandalen, sondern auch die Montage eines Tankrucksacks wurde deutlich erleichtert.

Der Einsatz eines neuen Polsterwerkstoffes in der Sitzbank sollte den Komfort besonders auf Langstreckenfahrten erhöhen. Auch weiter unten kam neues Material zum Einsatz: Für den Schalldämpfer wurde nun polierter Edelstahl anstelle des rostanfälligen einfachen Stahls der Vorgängermodelle verwendet, der sich durch bessere Haltbarkeit auszeichnen sollte. Auf der rechten Seite versteckt war ein neues Federbein, dass in Zusammenarbeit mit dem Zulieferer Bilstein entstanden war. Neben einer vierfach einstellbaren Federvorspannung gab es hier zusätzlich eine zehnfach einstellbare Zugstufendämpfung.

All diese Änderungen waren durchdacht und wurden gut angenommen, denn die Ansprüche waren weiterhin hoch. Aber es war auch nicht zu übersehen, dass der alte

NEUE 27 PS VARIANTE

Ab Ende 1990 waren alle BMW R 80-Modelle (R 80, R 80 RT und R 80 GS) mit 27 PS erhältlich. Hintergrund war die in Deutschland gültige Regelung mit einem Stufen-Führerschein. Hatte der Fahrer/die Fahrerin die Regularien erfüllt, ließen sich die Modelle recht einfach auf 50 PS umrüsten. Diese Varianten gab es ausschließlich in Deutschland, sie ersetzten auch die bisherige R 65 GS.

Wesentliches Merkmal der neuen GS-Modelle war der Austausch des lenkermontierten Windabweisers gegen die rahmenfeste Halbverkleidung der vorherigen Paris-Dakar Version.

TECHNISCHE DATEN — R 80 GS MODELLJAHR 1991

Neupreis:	ca. 14.900 DM
Produktionszeitraum:	1990 – 1993
Stückzahl:	keine Angabe
Hubraum:	798 cm³
Bohrung x Hub:	84,8 mm x 70,6 mm
Verdichtungsverhältnis:	8,2 : 1
Gemischaufbereitung:	zwei 32-mm-Gleichdruckvergaser von Bing
Leistung:	50 PS bei 6500 U/min
Drehmoment:	61 Nm bei 3750 U/min
Getriebe:	5-Gang-Schaltgetriebe, Hinterradantrieb über Kardanwelle
Rahmenbauart:	Doppelschleifen-Rohrrahmen mit angeschraubtem Rahmenheck
Vorderradaufhängung:	Marzocchi-Teleskopgabel mit 40 mm Standrohrdurchmesser
Hinterradaufhängung:	Paralever mit Bilstein-Einzelfederbein, Federvorspannung und Zugstufendämpfung einstellbar
Vorderradbremse:	285-mm-Einscheibenbremse mit gelochter Bremsscheibe, Zweikolben-Bremszange
Hinterradbremse:	gestängebetätigte 200-mm-Trommelbremse
Reifengrößen:	90/90 x 21 vorn, 130/80 x 17 hinten
Sitzhöhe:	850 mm
Tankinhalt:	24 Liter
Gewicht vollgetankt:	215 kg
Farben:	Samtviolett, Mystikrot, Marrakeschrot, Avusschwarz, Avus-schwarz/Caricablau
Höchstgeschwindigkeit:	167 km/h

Ebenfalls von der Paris-Dakar Version wurde die neue Instrumenteneinheit abgeleitet. Zentral zwischen zwei großen Rundinstrumenten befanden sich die Kontrollleuchten.

Eine weitere Änderung war die Option, dass der vordere Kotflügel tiefer und damit näher am Vorderrad angebracht werden konnte.

TECHNISCHE DATEN — R 100 GS MODELLJAHR 1991

Neupreis:	ca. 15.900 DM
Produktionszeitraum:	1991 – 1993
Stückzahl:	keine Angabe
Hubraum:	980 cm³
Bohrung x Hub:	94 mm x 70,6 mm
Verdichtungsverhältnis:	8,5 : 1
Gemischaufbereitung:	zwei 40-mm-Gleichdruckvergaser von Bing
Leistung:	60 PS bei 6500 U/min
Drehmoment:	76 Nm bei 3750 U/min
Getriebe:	5-Gang-Schaltgetriebe, Hinterradantrieb über Kardanwelle
Rahmenbauart:	Doppelschleifen-Rohrrahmen mit angeschraubtem Rahmenheck
Vorderradaufhängung:	Marzocchi-Teleskopgabel mit 40 mm Standrohrdurchmesser
Hinterradaufhängung:	Paralever mit Bilstein-Einzelfederbein, Federvorspannung und Zugstufendämpfung einstellbar
Vorderradbremse:	285-mm-Einscheibenbremse mit Zweikolben-Bremszange von Brembo
Hinterradbremse:	gestängebetätigte 200-mm-Trommelbremse
Reifengrößen:	90/90 x 21 vorn, 130/80 x 17 hinten
Sitzhöhe:	850 mm
Tankinhalt:	26 Liter
Gewicht vollgetankt:	220 kg
Farben:	Samtviolett, Mystikrot, Marrakeschrot, Avusschwarz, Avus-schwarz/Caricablau
Höchstgeschwindigkeit:	180 km/h

Der Kraftstofftank hatte nun einen versenkten Tankverschluss anstelle des bisherigen Enduro Tankdeckels. Damit sollte in erster Linie die Montage eines Tankrucksacks ermöglicht werden.

Trotz aller Änderungen und Verbesserungen war es eindeutig, dass die GS in die Jahre gekommen war und bald ein neues Modell erforderlich sein würde, um im harten Wettbewerb weiter Erfolg haben zu können.

Boxer-Motor an seinen Grenzen angelangt war. Die Zahl und auch die Größe der ernstzunehmenden Konkurrenzmodelle stieg unübersehbar an: Waren Yamahas zweizylindrige Super Ténéré und Hondas Africa Twin zumindest vom Hubraum noch unterlegen, gab es bereits Maschinen in der gleichen Kategorie wie z.B. Moto Guzzis etwas eigene Quota oder die flüssigkeitsgekühlte dreizylindrige Tiger 900 des wiederbelebten Herstellers Triumph. Im Vergleich zu ihnen wurde deutlich, dass der ehrwürdige Boxer das Ende seiner Laufbahn erreicht hatte.

Der Wechsel kam 1993: Dreizehn Jahre nachdem die weltweit erste Reise-Enduro vorgestellt wurde, führten neue Emissionsvorschriften, Fortschritte in der Produktion und steigende Kundenansprüche dazu, dass der bewährte Zweiventil-Boxer-Motor für eine neue Generation Platz machen musste. Die luftgekühlte GS hatte das Ende ihrer Laufbahn erreicht. Aber sie endete mit einem Paukenschlag.

Die Vorderradbremse des italienischen Herstellers Brembo hatte nun eine schwimmende Bremsscheibe.

DIE WICHTIGSTEN ÄNDERUNGEN AUF EINEN BLICK

- Austausch des kleinen lenkermontierten Windabweisers und des runden Scheinwerfers gegen die rahmenfeste Halbverkleidung der vorherigen Paris-Dakar Version mit dem Rechteckscheinwerfer der K 75 S, Verkleidungsscheibe einstellbar
- Vorderradbremse mit schwimmend gelagerter Bremsscheibe
- Lenkerschalter der K-Modelle
- Neues hinteres Federbein, Federvorspannung vierfach, Zugstufendämpfung zehnfach einstellbar
- Neuer extragroßer Tachometer und Drehzahlmesser
- Abschließbarer, versenkter Tankdeckel
- Schalldämpfer aus poliertem Edelstahl
- Vorderradkotflügel ab Werk wahlweise mit tiefer oder hoher Befestigung
- Überarbeitete Sitzbank
- Größerer Motorschutz

Im direkten Vergleich mit der R 80 G/S war die Ähnlichkeit der beiden Modelle deutlich zu sehen. Nach mehr als zehn Jahren stand die GS vor ihrer bisher drastischsten Überarbeitung.

GS
R1100

KAPITEL 5

Völlig neu – die R 1100 GS (1993 – 1999)

EIN NEUER BOXER

Noch vor Produktionsbeginn der zweiten Generation R 80 GS / R 100 GS mit der rahmenfesten Verkleidung war auch für BMW klar, dass für den luftgekühlten Zweiventil-Boxer das Ende bevorstand. Nicht nur der härtere Wettbewerb, sondern auch die strengeren Abgas- und Geräuschvorschriften stellten ein Problem dar. Das bedeutete jedoch nicht zwangsläufig das Ende des Boxer-Motors, der ja seit 1923 das Markenzeichen der BMW-Motorräder war.

Tatsächlich war es seit Anfang der 1990er Jahre ein offenes Geheimnis, dass die Einführung eines völlig überarbeiteten, ölgekühlten Vierventil-Boxers bevorstand. Er erschien schließlich im Januar 1993 in dem neuen Sporttourer R 1100 RS. Bei der Pressevorstellung dieses Motorrads mit dem komplett neuen revolutionären Motor gab es bereits Andeutungen zur unmittelbar bevorstehenden Einführung einer gleichermaßen angetriebenen und rundum modernisierten GS. Versteckt in der Pressemappe der neuen RS fanden sich Zeichnungen, wie die neue Enduro aussehen könnte. Acht Monate später, auf der prestigeträchtigen IAA in Frankfurt, wurde schließlich ein Motorrad enthüllt. Es war die neue R 1100 GS und sie war eine Sensation.

Die neue GS war nicht nur von Grund auf überarbeitet, sondern war mit neuer Technik vollgestopft. Es gab in der Zweiradwelt nichts, was vergleichbar aussah – sie war eindrucksvoller und imposanter als jedes andere Motorrad.

Und obwohl eine mächtige, unkonventionelle Maschine angekündigt worden war (die futuristische R 1100 RS hatte die Presse und das Publikum schon darauf eingestimmt), überraschte die neue GS die Öffentlichkeit. Ihr verwegenes Aussehen degradierte die alte R 80 GS / R 100 GS zu einer altmodischen Erscheinung. Ihre üppigen Proportionen ließen ihre Vorgängermodelle fast zierlich wirken – sie war 65 mm höher und 23 kg schwerer als die bisherigen Modelle.

GEGENÜBERLIEGENDE SEITE: 1993 präsentierte BMW eine völlig neue GS: Die unkonventionelle, mit Spitzentechnik ausgestattete R 1100 GS.

Die Neuschöpfung kam so muskulös daher, dass sich einige fragten, ob sie wirklich als Reise-Enduro eingesetzt werden könne.

Die Zweifel hatten nicht lange Bestand. In Deutschland, wo vielleicht zwangsläufig der größte und wichtigste Absatzmarkt für die GS war, erreichte die neue 1100er sofort den fünften Platz in der Zulassungsstatistik. Das war ohne Zweifel sehr beachtlich, denn die auslaufende, luftgekühlte R 100 GS gab es immer noch zu kaufen und eine weitere neue GS war seit kurzem ebenfalls im Programm: Die als Einstiegsmotorrad konzipierte „Funduro" F 650 GS.

Mit mehr GS-Varianten als bisher im Verkaufsprogramm konnte das Geschäftsergebnis für BMW nur gut ausfallen. 1994 verkaufte der deutsche Hersteller insgesamt 44.203 Motorräder, soviel wie nie zuvor in der Firmengeschichte. Logischerweise hatten die GS-Modelle daran großen Anteil. Im ersten Jahr verließen über 9500 Exemplare der neuen R 1100 GS die Fertigungsbänder in Berlin. Um genau zu sein, war jede fünfte neue BMW eine R 1100 GS.

Wenn nun die neue GS die bisher erfolgreichste Enduro von BMW war, fehlt noch der Beweis, warum sie auch die Beste war. Im Grunde genommen lag es natürlich am neu konstruierten, ölgekühlten Vierventil-Boxer, der in der R 1100 RS sein Debüt gegeben hatte.

Der Boxer mit seinen 1085 cm³ Hubraum sollte schon immer in der neuen GS Verwendung finden. Viele seiner positiven Eigenschaften waren vergleichbar mit denen des alten luftgekühlten Triebwerks, das sich ausgezeichnet bewährt hatte. Der Boxer-Motor glänzte mit hohem Drehmoment und guter Elastizität. Sein Konstruktionsprinzip verlieh ihm einen niedrigen Schwerpunkt und verschaffte den im Fahrtwind liegenden Zylindern eine gute Kühlluftzufuhr. Und überhaupt war es unvorstellbar, dass eine große GS mit etwas anderem angetrieben werden könnte als mit einem Boxer-Motor.

An dem neuen Triebwerk gab es natürlich noch viel mehr als nur eine Ölkühlung und vier Ventile pro Zylinder. Die Nockenwellen lagen nun seitlich neben den Ventilen und wurden über drei Steuerketten und eine Zwischenwelle angetrieben.

Herzstück der neuen GS war ein neuer ölgekühlter Boxer-Motor, der bereits von der R 1100 RS bekannt war.

Die ungewöhnliche Nockenwellenanordnung sollte die Gesamtbreite des Motors im Vergleich zu konventionellen obenliegenden Nockenwellen (OHC) verringern und gleichzeitig die erforderliche Drehzahlfestigkeit gewährleisten. Der größere Hubraum mit fast 1100 cm³ steigerte in Verbindung mit dem verbesserten Gaswechsel durch die vier Ventile nicht nur die Leistung und das Drehmoment gegenüber den alten Zweiventilern, sondern arbeitete auch leiser und effizienter. Eine weitere neue Spitzentechnologie war die erstmals bei einem Boxer verwendete, elektronisch gesteuerte Kraftstoffeinspritzung anstelle der bisherigen Vergaser. Sie ermöglichte die problemlose Einhaltung der zunehmend strengeren Abgasvorschriften. Diese Aspekte erhielten gegen Ende des 20. Jahrhunderts eine immer stärkere Bedeutung.

Natürlich trafen diese Eigenschaften auch auf den Motor der R 1100 RS zu, aber die GS-Ausführung unterschied sich in einem wichtigen Punkt: Die Steuerzeiten waren zugunsten eines besseren Drehmoments verändert. Das ging zwar auf Kosten der Spitzenleistung, verbesserte aber den Vortrieb im Gelände. Das Ergebnis waren ein maximales Drehmoment von 97 Nm bei 5250 U/min und eine Spitzenleistung von 80 PS (10 weniger als bei der RS) bei 6750 U/min. Natürlich war die neue R 1100 GS auch kein Rennmotorrad: BMW gab als Höchstgeschwindigkeit knapp 200 km/h an, erstaunlich genug für eine so genannte „Reise-Enduro".

TECHNISCHE DATEN — R 1100 GS (1994 – 1999)

Neupreis:	17.450 DM
Produktionszeitraum:	1994 – 1999
Stückzahl:	39.842
Hubraum:	1085 cm³
Bohrung x Hub:	99 mm x 70,5 mm
Verdichtungsverhältnis:	10,3 : 1
Gemischaufbereitung:	elektronische Kraftstoffeinspritzung Bosch Motronic 2.2
Leistung:	80 PS bei 6750 U/min
Drehmoment:	97 Nm bei 5250 U/min
Getriebe:	Einscheiben-Trockenkupplung, 5-Gang-Schaltgetriebe, Hinterradantrieb über Kardanwelle
Rahmenbauart:	Motor/Getriebeeinheit tragendes Bauteil, Vorderrahmen aus Aluminiumguss, Heckrahmen aus Stahl
Vorderradaufhängung:	Telelever mit Einzelfederbein
Hinterradaufhängung:	Paralever mit Einzelfederbein
Vorderradbremse:	305-mm-Zweischeibenbremse mit Vierkolben-Bremszangen, ABS
Hinterradbremse:	276-mm-Einscheibenbremse mit Doppelkolben-Bremszange, ABS
Reifengrößen:	110/80 x 19 vorn, 150/70 x 17 hinten
Sitzhöhe:	840 – 860 mm
Tankinhalt:	24 Liter
Trockengewicht:	225 kg
Farbe:	Nachtschwarz, Kalaharigelb, Marrakeschrot, Alpinweiss, Avusschwarz, Marrakeschrot/Weiß, Marrakeschrot 2, Arktissilber/Dakargelb, Arktissilber/Nachtschwarz
Höchstgeschwindigkeit:	200 km/h

Durch eine Hubraumvergrößerung auf 1085 cm³ und vier Ventile pro Zylinder hatte der neue Motor nicht nur mehr Leistung, sondern arbeitete durch die elektronische Kraftstoffeinspritzung auch effizienter.

Außergewöhnlich war auch das Fahrwerk: So wie bei der R 1100 RS war kein eigentlicher Rahmen vorhanden. Stattdessen diente der Motor als tragendes Element, an das der vordere und der hintere Hilfsrahmen angeschraubt waren.

Obwohl größer, schwerer und mächtiger als die vorigen Zweiventiler-GS, war die neue 1100er eine zuverlässige und leistungsfähige Enduro.

Auf den ersten Blick sieht die R 1100 GS zwar wie ein landwirtschaftliches Gerät aus, aber tatsächlich ist sie eines der modernsten Motorräder, die zu dieser Zeit angeboten wurden. Und sie ist auch ein Beispiel für die enormen Anstrengungen, die BMW in den vorherigen eineinhalb Jahren unternommen hat, um das verblassende Image wieder aufzuwerten ... Zwar versteckt sich der wahre Charakter des Motorrads hinter einer enormen Geräuschdämpfung, aber die neue GS konnte beweisen, dass sie die Klasse ihrer Vorgänger mehr als erreicht. Für 8295 Pfund bietet die neue R 1100 GS ein Maß an Gediegenheit, das vermutlich nur von einer Triumph Tiger erreicht wird. Was jetzt noch fehlt sind Siege bei der Paris-Dakar, um den Status als größte und beste Super-Enduro erneut zu bestätigen. Hoffentlich liest das auch Mr. Rahier ...

Motorcycle International (GB)

Aber diese Spitzenwerte waren nebensächlich. Das Fahren mit niedrigen Drehzahlen und die hohe Elastizität waren die Stärken des neuen Triebwerks im GS-Gewand. Schon bei 2500 U/min stand bereits ein Drehmoment von über 78 Nm zur Verfügung, das im weiteren Verlauf in einem nicht zu enden scheinenden Durchzug resultierte und hohe, verschleißfördernde Drehzahlen überflüssig machte.

EIN WEITERER ENTWICKLUNGSSCHRITT: DER TELELEVER

Der Antrieb der neuen GS war natürlich ein gewaltiger Schritt nach vorne, hatte aber immer noch den bewährten, ursprünglichen GS-Charakter. Gleiches traf auch für das neue Fahrwerk zu.

So wie der Motor war auch das gesamte Fahrwerkskonzept von der R 1100 RS entlehnt. Der Rahmen, wenn er überhaupt so bezeichnet werden konnte, bestand aus drei Teilen: Das Motor- und Getriebegehäuse als zentrales tragendes Element, an das der vordere und hintere Hilfsrahmen angeschraubt war.

Der Heckrahmen aus rundem Stahlrohr nahm die Sitzbank auf und diente als Abstützung für das hintere Einzelfederbein, an dem sich mittels eines Drehknopfes Federvorspannung und Zugstufendämpfung einfach einstellen ließen.

Die Hinterradaufhängung war eine Weiterentwicklung des 1987 an der GS eingeführten Paralevers, aber die Vorderradaufhängung stellte etwas völlig Neues dar. Anstatt mit einer normalen Teleskopgabel erfolgte die Radführung und Federung über ein System, das zumindest für eine Serienmaschine höchst revolutionär war. Der Terminologie des Paralevers folgend nannte BMW dieses neue Aufhängungssystem „Telelever“. Wie der Name vielleicht vermuten lässt, handelte es sich um die Kombination einer Teleskopgabel mit einer Schwinge.

Angesichts der Vergangenheit von BMW im Hinblick auf die Entwicklung zukunftsweisender Technik, war der Telelever eine logische Konsequenz, denn schließlich hatte BMW bei der Realisierung der hydraulisch gedämpften Teleskopgabel Pionierarbeit geleistet. Ausschlaggebend für den Telelever war, dass für die deutschen Ingenieure die Zeit reif schien, den nächsten Schritt zu unternehmen. Die Kons-

Revolutionär: Der Telelever von BMW löste die altbekannte Teleskopgabel ab.

DER TELELEVER – TRUMPFKARTE DER R 1100 GS

Den Telelever hatte BMW als grundlegend neues Vorderradaufhängungssystem bereits einige Monate vorher mit dem neuen Sporttourer R 1100 RS eingeführt. Bei der GS konnte das neue System seine Stärken noch besser beweisen, da es bei schnell wechselnden Fahrbahnoberflächen – wie es im Gelände der Fall ist – hervorragend arbeitet.

In gewissem Sinne war es keine Überraschung, dass sich BMW zu diesem mutigen Schritt entschloss. Das bayerische Unternehmen konnte auf eine lange Tradition bei der Entwicklung zukunftsweisender Fahrwerkstechnik zurückblicken. Bereits 1935 wurde bei den Modellen R 12 und R 17 die heute allgegenwärtige Teleskopgabel eingeführt.

Bei einer Teleskopgabel sind die Radführung und Radfederung miteinander verknüpft, was in bestimmten Situationen, wie z. B. starkem Bremsen, zur Funktionsbeeinträchtigung führen kann. Das Prinzip des Telelevers beruht darauf, die beiden Aufgaben baulich zu trennen. Die Radführung und Radfederung sind auf einfache und effektive Weise voneinander getrennt, so dass die Aufhängung zur Verbesserung der Fahreigenschaften optimiert werden kann und keine Kompromisse eingegangen werden müssen. Auch die Lenkung kann so präziser arbeiten.

Wie funktioniert das Ganze? Einfach ausgedrückt, verknüpft der Telelever die Vorteile einer Teleskopgabel mit denen einer Schwinge, wie sie von der Hinterradaufhängung her bekannt ist. Sowohl die GS als auch die RS haben weiterhin Gabelholme, die aber keine Federn und Dämpfer enthalten. Ihre Aufgabe ist es, das Rad aufzunehmen und zu führen. Die Federungs- und Dämpfungsfunktion wird von einem Einzelfederbein übernommen, das sich hinter der Gabel befindet.

Die beiden Gabelholme sind in zwei Gabelbrücken fixiert. Die oberen Enden der Standrohre sind in der oberen Gabelbrücke befestigt, die über einen Kugelkopf im Steuerkopf gelagert ist. Im Gegensatz zu normalen Teleskopgabeln verbindet die untere Gabelbrücke die unteren Gleitrohre der Holme (Tauchrohre) und ist über einen Kugelkopf an der vorderen Schwinge gelagert, die selbst wiederum am Motorgehäuse angelenkt ist. Beim Einfedern bewegt sich daher die untere Gabelbrücke gemeinsam mit den Tauchrohren.

Eine weitere Besonderheit des Systems ist, dass die Lenkbewegung über die Kugelköpfe ermöglicht wird. Sie haben den Vorteil, dass sie spielfrei arbeiten und keinerlei Nachstellung erfordern. (Anmerkung: Bei der GS ist das obere Lenkkopflager als Kegelrollenlager anstelle eines Kugelkopfs ausgeführt).

Die Bremskräfte werden größtenteils von der unteren Gabelbrücke über den unteren Kugelkopf und weiter über die Schwinge an das Motorgehäuse übertragen.

Im Vergleich zu herkömmlichen Radaufhängungen mit einer Teleskopgabel bleiben beim Telelever der Lenkkopfwinkel und der Radstand beim Einfedern über den gesamten Federweg nahezu unverändert, selbst wenn die Federung fast auf Block geht. Das ist ein wesentlicher Vorteil des Systems. Eine weitere positive Eigenschaft ist die Anti-Dive-Wirkung („Eintauchunterdrückung"). Beim heftigen Bremsen taucht eine normale Teleskopgabel stark ein und verbraucht dadurch einen Großteil des Einfederwegs. Durch die Geometrie des Telelevers wird das weitgehend unterbunden und die Funktion der Federung (und damit der Fahrkomfort) bleiben nahezu völlig erhalten. Und schließlich ist besonders für den Geländeeinsatz vorteilhaft, dass die Telelever-Konstruktion sehr verwindungssteif ist und trotzdem nur geringe ungefederte Massen aufweist. Außerdem ist durch weniger Reibung der Verschleiß reduziert und auch der Wartungsaufwand ist kaum der Rede wert.

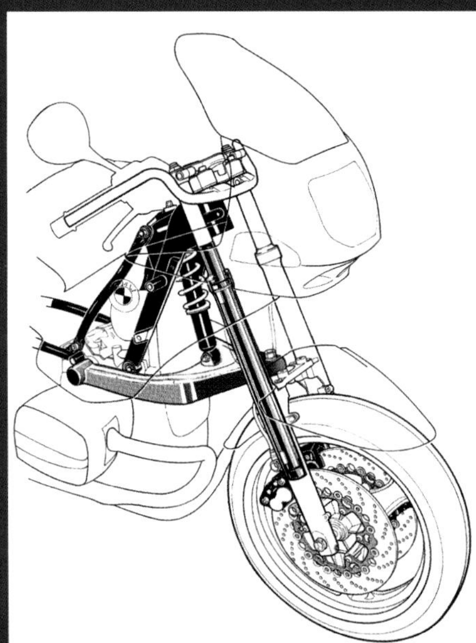

Die wohl kühnste Innovation an der neuen R 1100 GS war der Telelever, eine revolutionäre vordere Radaufhängung, mit der die herkömmliche Teleskopgabel ersetzt wurde.

DAS ABS HÄLT EINZUG BEI DEN ENDUROS: BMW ABS II

Der Telelever war das technische Glanzstück an der neuen R 1100 GS, das für Schlagzeilen sorgte. Ein anderer technologischer Fortschritt war aber vielleicht noch bedeutender: die Einführung des ABS II. Für BMW war ein Anti-Blockier-System nichts Neues, hatte das Unternehmen doch 1988 Pionierarbeit geleistet, indem die K 100 als erstes Motorrad mit diesem System ausgerüstet wurde. Bis 1993 hatten über 40.000 BMW-Kunden diese der Sicherheit dienende Sonderausstattung zusätzlich bestellt. Viele betrachteten es als unverzichtbar, denn es verhindert bei zu starkem Bremsen das Blockieren der Räder, was ja bei einem Motorrad in den meisten Fällen zum Sturz führt. Mit dem neuen ABS II wurde jetzt erstmals eine Enduro mit diesem System ausgerüstet.

Das Fahren abseits befestigter Wege unterliegt aber eigenen Gesetzen. Jeder erfahrene Geländefahrer weiß, dass unter bestimmten Bedingungen im Gelände ein blockierendes Rad helfen kann, das Motorrad zu stabilisieren oder die Verzögerung zu optimieren. Das steht offenkundig in direktem Gegensatz zum Prinzip eines ABS.

Die meisten Kilometer legt eine GS allerdings auf dem Asphalt zurück, wo ein ABS natürlich höchst wünschenswert ist. Die Lösung für die R 1100 GS war das neue ABS II von BMW, das wieder als Sonderausstattung extra bestellt werden musste. Dieses war nun abschaltbar, der Fahrer konnte also abhängig von den Fahrbedingungen selbst entscheiden, ob das ABS einsatzbereit sein sollte. Die Voreinstellung am Motorrad war so gewählt, dass die ABS-Funktion aktiv war, bis der Fahrer sie abschaltete. Um zu verhindern, dass der Fahrer es versehentlich deaktivierte, gab es keinen einfachen Schalter – der Fahrer musste die Cancel-Taste drücken und halten, während er die Zündung einschaltete. Nach jedem Aus- und Einschalten der Zündung war das ABS automatisch wieder funktionsbereit.

Das Gehirn des neuen Systems war eine ausgeklügelte elektronische Steuerung, die darauf programmiert war, auch die extremsten Fahrsituationen zu meistern. So änderte sie z. B. die Regelung, wenn die Gefahr bestand, dass durch zu starkes Bremsen das Hinterrad abzuheben begann.

Das Funktionsprinzip des Systems war jedoch unverändert. Die Drehzahlen des Vorder- und Hinterrades wurden ständig von Sensoren überwacht, die ihre Signale an das elektronische Steuergerät übermittelten. Erkannte das Steuergerät die Blockiergefahr eines Rades oder beider Räder, baute es über den Druckmodulator den Bremsflüssigkeitsdruck und damit die Bremskraft am betreffenden Rad ab. Sobald die Raddrehzahl wieder den kritischen Bereich verlassen hatte, wurde der Flüssigkeitsdruck wieder aufgebaut.

truktion resultierte aus dem Versuch, die Vorteile der Teleskopgabel mit denen einer Schwinge zu kombinieren. Beim Telelever dienen die Teleskopgabelholme lediglich dazu, das Rad zu führen und den Bodenunebenheiten folgen zu lassen. Innerhalb der Holme sind keine Federn oder Dämpfungseinrichtungen vorhanden. Die eigentliche Federung und Dämpfung übernimmt, ähnlich wie bei den Hinterradaufhängungen, ein einzelnes Zentralfederbein, das sich oben vor dem Steuerkopf befindet.

Das Federbein stützte sich oben am Vorderrahmen aus Aluminiumguss ab. Die untere Abstützung erfolgte an einer A-förmigen Schwinge, die dem Querlenker eines PKWs ähnelt und im Motorblock gelagert war. Ein Kugelkopf stellte die Verbindung zwischen dem vorderen Schwingenende und der unteren Gabelbrücke her.

Hintergedanke bei der Lösung war, dass sich durch das Trennen der Radführung von der Federung die beiden Funktionen nicht mehr gegenseitig beeinträchtigen können, wie es z. B. bei den herkömmlichen Teleskopgabeln der Fall ist. Das macht sich besonders beim starken Bremsen bemerkbar. Denn wenn durch die dynamische Radlastverschiebung die Teleskopgabel fast vollständig eintaucht, ist kaum noch Restfederweg vorhanden, was die Fahrwerksgeometrie nachteilig verändert. Durch das Vermeiden dieser Situation beim Telelever bleiben Fahrkomfort und Fahrstabilität auf hohem Niveau erhalten.

Die restlichen Teile der Frontpartie wie Lenker, Scheinwerferhalter, Verkleidungsscheibe, Instrumente und obere Gabelholmenden waren entweder mit der oberen Gabelbrücke oder dem Steuerkopf verschraubt.

Wesentlich verbessert wurden auch die Bremsen der neuen GS. Anstelle einer Einzelscheibe waren vorne nun zwei gelochte Bremsscheiben vorhanden und die hintere Trommelbremse wurde durch eine Scheibenbremse ersetzt – ebenfalls ein Novum für eine BMW-Enduro. Aber vielleicht noch wichtiger war das optional erhältliche Anti-Blockier-System, das für den Geländeeinsatz abgeschaltet werden konnte.

Das Äußere war genauso unkonventionell wie die Technik. Hatten die bisherigen GS-Modelle entweder einen tief oder hoch angebrachten vorderen Kotflügel, fanden sich an der neuen 1100er beide Ausführungen. Der „Entenschnabel" sorgte für ein richtiges Enduro-Aussehen und hatte darüber hinaus noch aerodynamische Vorteile.

Sogar die neuen Instrumente waren hochmodern: erstmals war ein digitales LCD-Display vorhanden, dass die Motortemperatur und den Kraftstoffstand anzeigte.

UNVERWECHSELBARES AUSSEHEN

Das Heck der GS sah bekannt aus und ähnelte vom Aufbau dem Vorgängermodell R 100 GS, der Federweg hinten betrug nun 200 mm. Natürlich waren auch wieder die Kreuzspeichenräder samt Schlauchlosreifen montiert. Alles weitere schien an der neuen R 1100 GS neu zu sein. Das Konzept für dieses neue Motorrad war durch eine intensive Marktanalyse und Kundenbefragung kontinuierlich weiterentwickelt und angepasst worden.

Eine Schlüsselforderung, die aus diesen Untersuchungen resultierte, war der Wunsch nach mehr Langstreckenkomfort und vielseitigeren Gepäcktransportmöglichkeiten. Daher hatte die neue GS eine praktische zweistufige Sitzhöhenverstellung der Sitzbank und das einfache Weglassen des hinteren Sitzbankteils verschaffte mehr Stauraum für das Gepäck.

Eine originelle Neuerung war der schnell als „Entenschnabel" bezeichnete vordere Kotflügel. Tatsächlich waren zwei vorhanden: Die beiden möglichen Kotflügelvarianten an der R 100 GS bestätigten, dass für den untenliegenden, nahe am Rad montierten Kotflügel eine Nachfrage bestand. Der zusätzliche „Schnabel", der jetzt unter der Cockpitverkleidung herausragte, hatte allerdings auch einige Vorteile: Er verlieh dem Motorrad die gewünschte Enduro-Ästhetik, leitete den Fahrtwind zum Ölkühler und hatte bei höheren Geschwindigkeiten eine Spoilerfunktion zur Verbesserung der Aerodynamik.

Dieser außergewöhnliche und auffallende doppelte vordere Kotflügel entwickelte sich über die Zeit zu einem GS-Markenzeichen. Gemeinsam mit dem großen bauchigen Kraftstofftank, der zweiteiligen Sitzbank und dem einzigartigen Boxer-Motor hatte die neue R 1100 GS ein unverwechselbares Aussehen, das sie sprichwörtlich aus dem wachsenden und immer mehr konkurrierenden Enduro-Angebot herausragen ließ. Eine weitere Neuerung war die umfangreichere Instrumenteneinheit. Geschwindigkeits- und Drehzahlmesser waren weiterhin als Zeigerinstrumente ausgeführt, allerdings mit unterschiedlichen Durchmessern, wobei der Tachometer das größere Instrument war. Dazu gab es etliche Kontrollleuchten mehr sowie erstmals ein LCD-Display, das auf zwei Balkendiagrammen die Motortemperatur und die Kraftstoffmenge anzeigte.

Überarbeitet waren auch die Lenkerarmaturen, die in dieser Form erstmals bei der R 1100 RS verbaut worden waren. Gleich blieb dabei die unabhängige Kontrolle der Blinker über einen Schalter an der entsprechenden Lenkerseite und die gemeinsame Abschaltung auf der rechten Seite. Und wie zuvor war auch nicht jeder mit dieser Lösung einverstanden.

Schließlich gab es noch viele interessante Detaillösungen hinsichtlich des gewählten Materials und der Machart. Alle Kunststoffteile waren z. B. gekennzeichnet für eine einfachere Wiederverwertung und die neue 2-in-1-Auspuffanlage bestand nun komplett aus Edelstahl und war daher

Die R 1100 GS hat mich überrascht, sie ist besser als ich es je erwartet hätte. Der größte Schrecken ist die Größe dieses Geräts. Mit vollem Tank eine Kehrtwende auf einer engen Straße vorzunehmen ist eine Herausforderung. Eine unvorhersehbare Kupplungsreaktion, der gewöhnungsbedürftige Seiteneffekt beim Gasgeben durch die längs liegende Kurbelwelle, der Boden kann nur mit den Zehenspitzen ertastet werden – diese Rahmenbedingungen gilt es zu beherrschen.
Aber die wahre Überraschung ist die Geschwindigkeit. Mit der R 1100 GS gelangt man unglaublich schnell von A nach B. Sie hat keine übermäßige Höchstleistung, sondern tritt aus dem Drehzahlkeller an. Auf das Öffnen der Drosselklappen bei 1000 Umdrehungen spricht die Kraftstoffeinspritzung unmittelbar an und schiebt die GS augenblicklich vorwärts.
Für Geschwindigkeitsorgien ist die GS nicht vorgesehen. Mit ihr lassen sich große Distanzen schnell und mit hohem Komfort zurücklegen. Sitzposition und Tankinhalt ermöglichen durchs Land zu reisen, ohne dass der Hintern schmerzt oder ständig getankt werden muss. Sogar die seltsame Verkleidung leistet ganze Arbeit beim Ableiten des Fahrtwindes. Für eine Tour durch Europa kann ich mir kein geeigneteres Motorrad vorstellen.

Performance Bikes (GB)

Die wahre Stärke der neuen 1100er lag darin, große Distanzen mit einer Menge Gepäck zu bewältigen.

Insgesamt war die völlig umgekrempelte R 1100 GS gegenüber dem bisherigen Modell ein wahrer Quantensprung – hinsichtlich der Eckdaten, der eingesetzten Technik, den besonderen Raffinessen und vor allem der Fahrleistungen.

Durch das zusätzliche Platzangebot, den höheren Komfort und die guten Fahrleistungen war die neue R 1100 GS noch soziustauglicher als bisher.

nicht länger ein „Verschleißteil". Die Wartungsintervalle des neuen Motorrads lagen nun bei beeindruckenden 10.000 km – für eine Enduro ein bisher unerreichter Wert.

DIE FOLGENDEN JAHRE

Insgesamt war die neue GS in jeglicher Hinsicht ein Quantensprung gegenüber allem bisher dagewesenen. Die beeindruckenden Fahrleistungen – sei es im Durchzug oder mit einer Höchstgeschwindigkeit von 200 km/h – wurden perfekt umgesetzt durch das neue High-Tech-Fahrwerk, das nicht nur ein besseres Handling und mehr Fahrkomfort bot, sondern auch die Fahrsicherheit erhöhte.

Zur durchdachten Ausstattung gehörten eine höhenverstellbare Sitzbank, ein gleichfalls verstellbares Windschild und ein abnehmbarer Soziussitz, um die Verstaumöglichkeiten für das Gepäck zu erweitern. All diese und noch weitere Eigenschaften führten dazu, dass die neue GS schlagartig zum Publikumsliebling avancierte und mit dem Applaus der Presse sowie zahlreichen Auszeichnungen bedacht wurde. Zu den beeindruckten Zeitschriften gehörte auch das britische Magazin „Bike":

Auch wenn es sich seltsam anhört, aber dieses Motorrad ist so fortschrittlich, wie es nur sein kann. Es ist zwar „nur" ein luftgekühlter Boxer-Motor, aber der Rest hat es in sich: Vierventiltechnik mit zylinderkopfintegrierter Nockenwelle, ABS, Vorderradaufhängung über Telelever, Katalysator, einstellbare Sitzposition, einzigartige Kreuzspeichenräder, LCD-Anzeigen und vieles mehr. Dazu kommt das Aussehen: Es scheint aus einer anderen Welt zu kommen und ist das fremdartigste Gefährt, das ich je gesehen habe. Und plötzlich sind die abgedro-

In Anbetracht dessen, was in ihr steckte, sollte es eigentlich keine Überraschung sein, dass die neue R 1100 GS auf Anhieb ein Verkaufsschlager war und das meistverkaufte Motorrad von BMW wurde.

Zum 75-jährigen Jubiläum der Motorradproduktion baute BMW 1998 ein Sondermodell der R 1100 GS in einer besonderen Farbgebung und mit sehr umfangreicher Serienausstattung.

schenen Witze über die „langweiligen" BMWs Makulatur und es stellt sich die Erkenntnis ein, dass hier ein Über-Motorrad vor einem steht und der Preis Nebensache ist. Die wirkliche Überraschung dabei ist, dass man sich, obwohl die 1100er mit den alten BMW GS-Modellen nicht viel gemeinsam hat, von Anfang an vertraut fühlt.

Auf die durchweg positiven Reaktionen zur neuen GS folgten Rekordverkaufszahlen. Im Frühjahr 1994 verkaufte sich die neue Enduro nicht nur besser als alle anderen GS-Modelle zuvor, sondern sie war auch das meistverkaufte Motorrad von BMW überhaupt – und diese Position hält sie bis heute.

Auch wenn die BMW in den nächsten Jahren im Prinzip unverändert blieb – zumindest bis zur nächsten wesentlichen Überarbeitung 2003 – so gab es doch ein Sondermodell, auf das näher eingegangen werden sollte. 1998 feierte BMW das 75jährige Jubiläum der Motorradproduktion und nutzte die Gelegenheit zur Auflage eines limitierten Sondermodells der R 1100 GS (und anderer Modelle), das sehr umfangreich ausgestattet war. Das Jubiläumsmodell hatte eine besondere Farbgebung sowie Aufkleber, die das Jubiläumsmodell als solches deklarierten und war serienmäßig sehr verschwenderisch mit originalem BMW-Zubehör versehen.

DER KLEINE BRUDER IST WIEDER DA: DIE R 850 GS

Es wird oft vermutet, dass die neue R 1100 GS nicht nur eine ganze Reihe neuer Technologien einführte, sondern auch eine neue Ausrichtung für die GS-Familie vorgab: Die erneute Beschränkung auf ein einzelnes Modell mit Boxer-Motor (wie zu Beginn), dieses sollte aber größer, mächtiger und deutlich maskuliner als die Ur-R 80 G/S sein. Jedoch ist diese Ansicht nicht ganz richtig. Zwar entfielen 1993 mit der Einführung der R 1100 GS die beiden parallel angebotenen Modelle R 80 GS und R 100 GS, aber das war nur vorübergehend. 1998 ergänzte BMW das Modellprogramm mit einer kleineren R 850 GS.

Äußerlich im Prinzip identisch mit der 1100er (der einzig sichtbare Unterschied waren unterschiedliche Aufkleber), hatte die neue 850er den Motor des bereits vorgestellten Einsteigermodells R 850 R Roadster mit 848 cm³, 70 PS bei 7500 U/min und einem maximalen Drehmoment von 77 Nm. Auch eine 34 PS-Version war im Angebot, passend für die Bedingungen des deutschen Stufenführerscheins.

Als dann 1999 die R 1100 GS zur R 1150 GS mutierte, blieb die R 850 GS unverändert im Programm und galt als etwas preisgünstigere kleinere Alternative. Vielleicht lag darin der Grund, warum die R 850 GS das gleiche Schicksal ereilte wie einige Jahre zuvor die R 65 GS: Die Verkaufszahlen blieben weit hinter denen der R 1100 GS zurück und für BMW wiederholten sich die Erfahrungen, die man mit der R 65 GS und der R 80 GS gemacht hatte.

Die große Beliebtheit der 1100er, gepaart mit der Tatsache, dass die 850er nur geringfügig günstiger war und eine deutlich reduzierte Leistung hatte, ließen die Verkaufszahlen stagnieren. Die GS-Kunden bevorzugten weiterhin die 1100 cm³-Version.

Mit der Überarbeitung der einzylindrigen Funduro F 650 GS im Jahr 2000 ließ BMW schließlich auch die Produktion der R 850 GS auslaufen. Ganze 1954 Einheiten wurden gebaut, dagegen standen 43.628 Exemplare der R 1100 GS. Die Erkenntnis daraus scheint zu sein, dass BMW-Kunden hubraumstarke Motoren bevorzugen und sich nicht mit „halben Sachen" zufrieden geben.

Nachdem BMW bereits früher die R 80 GS und die R 100 GS parallel angeboten hatte, bekam die R 1100 GS im Jahr 1998 die kleinere R 850 GS zur Seite gestellt. Sie konnte allerdings die Verkaufserwartungen seitens BMW nicht erfüllen.

EINE LEGENDE KEHRT ZURÜCK: DIE R 80 GS BASIC

Auch wenn die neue ölgekühlte R 1100 GS das Ende des bewährten luftgekühlten Zweiventil-Boxers bedeutete, hielt ihn BMW noch für einige Jahre am Leben. Auf der Kölner IFMA im Herbst 1994 stand ein Sondermodell mit der klassischen Technik, lieferbar in den Farben Schwarz und Silber, das bis Januar 1996 produziert wurde. Und selbst dann war noch nicht das Ende für den Senior gekommen. Als Nächstes boten die Bayern eine R 80 GS „Basic" an, eine Hommage an die Ur-R 80 G/S, mit einem 19,5-Liter-Tank, nostalgisch weißen Anbauteilen und blauem Rahmen.

Natürlich hatte die Basic bei der Optik etliche Anleihen von der 1980er G/S übernommen, besaß aber auch die Technik der jüngeren Motorräder. So war z. B. als Hinterradaufhängung der Paralever vorhanden, der sich über ein Federbein von White Power am Rahmen abstützte.

Die Bezeichnung „Basic" war eine Anspielung auf die minimalistische Ausstattung. So waren weder Seitenständer, Handprotektoren, Verkleidungsscheibe oder Sturzbügel vorhanden. Als Scheinwerfer diente eine einfache runde Lampe, die gemeinsam mit den Instrumenten im bekannten Gehäuse untergebracht war.

Von der Basic gab es abschließend noch einen Ableger, die speziell für den südafrikanischen Markt in nur 35 Einheiten gebaute „Kalahari". Neben einer anderen Beschriftung hatte sie den großen Tank der Dakar mit 35 Litern Fassungsvermögen. Diese Kalahari-Modelle sind heute sehr gesucht.

Unterm Strich waren diese letzten Zweiventiler ein großer Erfolg. Bis zum Produktionsende am 19. Dezember 1996 wurden insgesamt 3003 Basic-Modelle gebaut.

Für den südafrikanischen Markt wurde 1996 eine Sonderausgabe der Basic in sehr begrenzter Stückzahl gebaut. Als „Kalahari" bezeichnet, hatte sie neben einer anderen Beschriftung einen großen 35-Liter-Tank. Mit gerade einmal 35 gebauten Einheiten gehört sie zu den seltensten GS-Modellen.

Zum endgültigen Produktionsende des ursprünglichen luftgekühlten 2-Ventil-Boxers erschien 1996 das Sondermodell „Basic", das eine Reproduktion der R 80 G/S sein sollte.

Optisch huldigte die Basic dem Original, technisch zeigte sie sich überarbeitet z. B. mit dem Paralever und einem Federbein von White Power.

KAPITEL 6

Die Beste wird verbessert – die R 1150 GS (1999 – 2004)

DER NEUE MOTOR

Auch ein völlig neues Motorrad kann nicht auf immer und ewig ganz vorn dabei sein. Nach sechs Jahren und 40.000 verkauften Einheiten (damit stieg die Gesamtzahl aller verkauften GS-Modelle auf mehr als 115.000) wurde im Herbst 1999 die R 1100 GS durch die R 1150 GS abgelöst.

Eigentlich handelte es sich dieses Mal um kein völlig neues Modell. Vieles von der Architektur, dem Styling und der Technik der 1100er fand sich in der 1150er wieder. Aber gleichzeitig gab es auch eine Vielzahl von bedeutenden Änderungen und Verbesserungen in nahezu allen Bereichen. Mit einem hubraumstarkeren und kraftvolleren Motor, einem neuen Sechsganggetriebe, einer Vielzahl von Detailänderungen und einer heiß diskutierten asymmetrischen Optik war BMW überzeugt, dass diese Reise-Enduro damit auch in ihrem angehenden 20. Modelljahr weiterhin die besten Voraussetzungen hatte, um allen voraus zu fahren – in jeglicher Hinsicht.

Das Glanzstück der Neuen war natürlich der größere Motor, der eine deutlich verbesserte Leistungscharakteristik hatte.

Die maximale Leistung des bekannten öl- und luftgekühlten Triebwerks kletterte um 5 PS auf nunmehr 85 bei unveränderten 6750 U/min. Das maximale Drehmoment stieg zwar nur von 97 auf 98 Nm, entscheidend war aber der deutlich bessere Verlauf über den gesamten Drehzahlbereich, besonders in der am meisten genutzten Drehzahlspanne zwischen 3000 und 5000 U/min.

Das wurde auf verschiedene Weise erreicht. Einmal wuchs der Hubraum um 45 cm³ auf 1130 cm³. Dazu bediente sich BMW großzügig im bereits vorhandenen Fundus. Bei unverändertem Hub von 70,5 mm verwendete man die Kolben und Zylinder des kürzlich vorgestellten Cruisers

Der 4-Ventil-Motor blieb im Wesentlichen unverändert, aber ein größerer Hubraum sowie eine Vielzahl von Detailänderungen sorgten für einen Leistungszuwachs von 5 PS.

R 1200 C (allerdings ohne polierte Kühlrippen), dessen Bohrung mit 101 statt 99 mm etwas größer war.

Die ebenfalls kurz zuvor neu eingeführte R 1100 S lieferte für die R 1150 GS die Zylinderköpfe samt Zündkerzenabdeckungen sowie die Kurbelwelle. Auch stammten die Ventildeckel von diesem Modell, sie waren aus Magnesium und kamen zukünftig auch bei den anderen Boxer-Modellen zum Einsatz. Und schließlich leisteten neue optimierte Nockenwellen einen weiteren Beitrag für den optimierten Drehmomentverlauf des Boxer-Motors.

Wie bereits bei der R 1200 C und der R 1100 S übernahm die elektronische Motorsteuerung der neuen R 1150 GS die

GEGENÜBERLIEGENDE SEITE: Sechs Jahre nach der Vorstellung der R 1100 GS war es an der Zeit, das Zugpferd von BMW zu überarbeiten. Die R 1150 GS war das Ergebnis.

Neue Zylinderköpfe samt Ventildeckel, neue Nockenwellen, überarbeitetes Motormanagement und weitere Modifikationen trugen zum Leistungsanstieg bei.

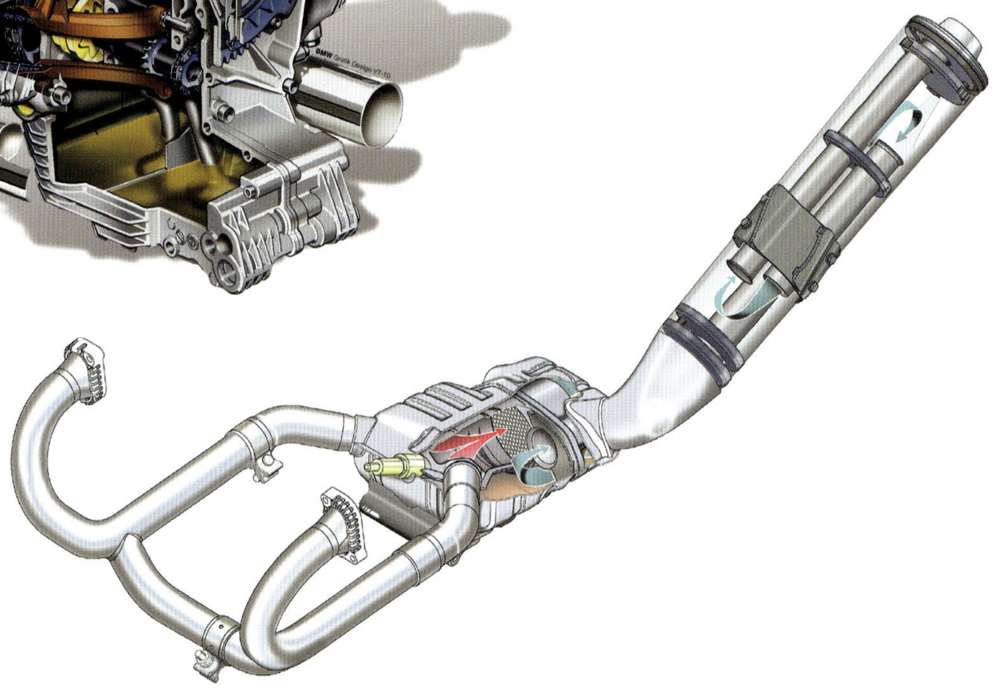

Völlig neu war die nun verchromte Auspuffanlage der R 1150 GS. Die größeren Krümmerquerschnitte hatten ebenfalls Anteil an der Leistungssteigerung.

aktualisierte Bosch Motronic MA 2.4 und ersetzte damit die Version MA 2.2 der alten 1100er. Zusätzlich war die neue GS – entsprechend wie alle seit 1997 neu vorgestellten Modelle (K 1200 RS, R 1200 C, R 1100 S und K 1200 LT) – serienmäßig mit einem geregelten Drei-Wege-Katalysator ausgerüstet.

Der neue Motor erforderte einen größeren Ölkühler, um die höhere Wärmebelastung zu kompensieren. Dieses Bauteil stammte vom Tourenmotorrad R 1100 RT.

WEITERE ÄNDERUNGEN

Bei den Anbauteilen ist hier zuerst die komplett neue, hochwertige und verchromte Auspuffanlage zu nennen. Nach Angaben von BMW war sie so geschickt gestaltet, dass 50% des Leistungszuwachses auf sie zurückzuführen sind. Dafür zeichneten sich, wie schon zuvor bei der R 1100 S, in erster Linie deutlich größere Auspuffkrümmer verantwortlich. Ihr Durchmesser war von 38 mm auf 45 mm angewachsen, zudem verband sie vor dem Motor noch ein zusätzliches Interferenzrohr miteinander. Die beiden Krümmer mündeten in einem großen Sammler, in dem sich nun der neue Katalysator und die Lambdasonde befanden. Der anschließende Schalldämpfer war ebenfalls überarbeitet und nun höher angebracht, wie es sich eben für eine Enduro gehört.

Auch die Kraftübertragung erfuhr einige Änderungen. Anstelle der bisherigen seilzugbetätigten Kupplung war nun die Einscheiben-Trockenkupplung der R 1200 C bzw. R 1100 S eingebaut, die hydraulisch ausgerückt wurde. Das bisherige 5-Gang-Getriebe der alten R 1100 GS musste einer neuen 6-Gang-Version weichen, die bereits von der R 1100 S bekannt war. Allerdings waren die Getriebe nicht identisch,

TECHNISCHE DATEN — R 1150 GS (1999 – 2004)

Neupreis:	19.980 DM
Produktionszeitraum:	1999 – 2004
Stückzahl:	58.023 (inkl. Sondermodell Adventure)
Hubraum:	1130 cm³
Bohrung x Hub:	101 mm x 70,5 mm
Verdichtungsverhältnis:	10,3 : 1
Gemischaufbereitung:	elektronische Motorsteuerung Bosch Motronic 2.4
Leistung:	85 PS bei 6750 U/min
Drehmoment:	98 Nm bei 5250 U/min
Kraftübertragung:	Einscheiben-Trockenkupplung, 6-Gang-Schaltgetriebe, Hinterradantrieb über Kardanwelle
Rahmenbauart:	Motor/Getriebeeinheit tragendes Bauteil, Vorderrahmen aus Aluminiumguss, Heckrahmen aus Stahl
Vorderradaufhängung:	Telelever mit Einzelfederbein, Federbasis einstellbar
Hinterradaufhängung:	Paralever mit Einzelfederbein, Federbasis und Zugstufendämpfung einstellbar
Vorderradbremse:	305-mm-Zweischeibenbremse mit Vierkolben-Bremszangen, ABS
Hinterradbremse:	276-mm-Einscheibenbremse mit Doppelkolben-Bremszange, ABS
Reifengrößen:	110/80 x 19 vorn, 150/70 x 17 hinten
Sitzhöhe:	840 – 860 mm
Tankinhalt:	26 Liter
Trockengewicht:	228 kg
Farbe:	Nachtschwarz, Mandarin, Titansilber, Pazifikblau/Alpinweiß, Marrakeschrot 2, Graphitan, Alpinweiß 3, Sonnengelb
Höchstgeschwindigkeit:	199 km/h

denn die Übersetzungsverhältnisse in der S-Version waren sportlich ausgelegt, während die Abstufung in der GS-Ausführung mehr für komfortables Touren gedacht war. Der 6. Gang entsprach im Prinzip einem lang übersetzten Overdrive, um durch deutliches Herabsetzen der Drehzahl auf der Autobahn den Kraftstoffverbrauch, die Vibrationen und auch die Geräuschentwicklung zu verringern.

Der 600 Watt starke Generator der neuen R 1150 GS stammte genauso wie die kleinere 14-Ah-Batterie von der R 1100 S, ausschlaggebend dafür war das Gewicht. Als Sonderausstattung war ein Generator mit 700 Watt in Verbindung mit einer größeren 19-Ah-Batterie erhältlich. Beides gehörte jedoch zur Serienausstattung, wenn der Kunde das ABS – so wie die meisten es taten – oder Heizgriffe bestellte.

Auch das Fahrwerk unterlag dem Motto „Evolution statt Revolution". Wie auch beim Vorgängermodell übernahmen bei der neuen R 1150 GS Motor und Getriebe eine tragende Funktion und dienten als Aufnahme für das Rahmenvorderteil bzw. den Heckrahmen. Allerdings waren die Befestigungspunkte des Heckrahmens am neuen Getriebegehäuse neu ausgelegt, so dass durch die Verschraubung der beiden Komponenten eine verwindungssteifere Einheit entstand. Darüber hinaus trugen auch die neuen Fußrastenplatten zusätzlich zur Stabilität bei.

Ebenfalls von der R 1100 S stammte eine verbesserte und leichtere Ausführung des Telelevers, von BMW als „Telelever Light System" bezeichnet.

Die unteren Gleitrohre waren nun zweiteilig. Der obere Abschnitt bestand aus gezogenem Aluminiumrohr, die untere Achsaufnahme aus Aluminiumguss. Gegenüber den bisherigen Gussteilen erhöhte sich die Biegesteifigkeit, während gleichzeitig das Gewicht der ungefederten Massen um fast 1,5 kg reduziert wurde. Wie zuvor waren die Gabelholme in der oberen Gabelbrücke beweglich gelagert, damit sich der Lenker beim Einfedern nicht neigte.

Nicht zuletzt hatte die Reduzierung der ungefederten Massen auch positive Auswirkungen auf das Handling im Straßenbetrieb und Geländeeinsatz.

Unverändert blieben jedoch das vorhandene vordere und hintere Federbein. Wie zuvor bei der R 1100 GS konnte an der neuen R 1150 GS die Federbasis des vorderen zentralen Federbeins fünffach verstellt werden, der Federweg lag weiterhin bei 190 mm. Das hintere Federbein behielt ebenfalls die einstellbare Federbasis und Zugstufendämpfung und ermöglichte wie zuvor einen Federweg von 200 mm.

Unterschiede gab es jedoch bei der Einarmschwinge des Paralevers. Durch das neue 6-Gang-Getriebe mit seinem größeren Gehäuse hatten sich die Schwingenlagerungspunkte

Auch am Fahrwerk der R 1150 GS fanden sich gegenüber dem Vorgängermodell etliche Weiterentwicklungen, wie z. B. ein überarbeiteter und leichterer Telelever.

Die Fahrwerksänderungen an der neuen 1150er machten sich nicht nur im Gelände, sondern auch auf der Straße positiv bemerkbar.

Die Adventure setzte neue Standards sowohl in der Disziplin Langstreckenreisen als auch bei den Fahreigenschaften im Gelände – tatsächlich war eine neue Klasse geboren worden.

Das ist das beste Motorrad, das ich je gefahren habe. Ich kenne keine andere Maschine, die sich so komfortabel und so angenehm fahren lässt, bei der Bachdurchquerungen ein tierisches Vergnügen bereitet, mit der sich lustvoll durch die Kurven schwingen lässt und bei der sich auch beim exzessiven Kilometerfressen kein Völlegefühl einstellt. Damit die Welt umrunden? Warum nicht?

Magazin „Bike" (GB), Mai 2002

nach hinten verschoben. Gleichzeitig wurde jedoch die Länge der Schwinge von 520 auf 506 mm verkürzt, so dass unter dem Strich der Radstand des Motorrads unverändert blieb.

Wieder übernommen vom Vorgängermodell wurden die innovativen Kreuzspeichenräder, wenn auch die Hinterradnabe zum Ausgleich der neuen Schwingengeometrie leicht geändert werden musste. Ebenfalls vom Vorgängermodell stammten die vordere Zweischeibenbremse mit 305 mm großen Bremsscheiben und Vierkolbenzangen sowie die hintere Einscheibenbremse mit 276-mm-Bremsscheibe und Doppelkolbenbremszange. Wie schon bei der R 1100 GS war das optional erhältliche ABS abschaltbar. Bei den Bremsbelägen kamen jedoch neue Sintermetallbeläge zum Einsatz.

DER NEUE LOOK

Keine der erwähnten Änderungen kam überraschend oder rief große Reaktionen hervor. Was jedoch heftig diskutiert wurde, war das „Gesicht" der neuen R 1150 GS. Sie hatte nun ein Erscheinungsbild, dass völlig abweichend von der Norm war und sich deutlich von allen anderen Motorrädern unterschied.

Weiterhin konnte eine dezente schwarze Radabdeckung entdeckt werden, die tiefer angeordnet und neu gestaltet war. Neu war auch der zweite obere Kotflügel – mittlerweile hinreichend als GS-Schnabel bekannt – der auch als Lufteinlass zum Ölkühler diente und durch seine Spoilerfunktion

Ein auffälliger Unterschied zwischen der neuen R 1150 GS und der alten R 1100 GS war das Erscheinungsbild von vorn. Das asymmetrische „Gesicht" sorgte bei Einführung für kontroverse Diskussionen, entwickelte sich aber seitdem zu einem Merkmal der BMW-Motorräder.

Der alte, rechteckige Einzelscheinwerfer der 1100er musste einem asymmetrischen Doppelscheinwerfer weichen. Der größere der beiden war das Fernlicht, der kleinere das Abblendlicht.

bei höheren Geschwindigkeiten nützlich war. Von der Seite betrachtet war dieser Schnabel nun wesentlich besser integriert und verlieh dem Motorrad eine formschöne, fließende Linienführung.

Als weniger formschön galten die neuen Scheinwerfer. Der alte rechteckige Einzelscheinwerfer der 1100er wurde ersetzt durch einen seinerzeit sehr umstrittenen, asymmetrisch ausgeführten Doppelscheinwerfer – ähnlich wie bei der zuvor eingeführten R 1100 S. Während der größere der beiden ein Ellipsoid-Scheinwerfer war und als Fernlicht diente, übernahm der kleinere mit einer H7-Lampe die Abblendlichtfunktion. Einige Lästermäuler meinten, durch die Scheinwerferkombination erinnere das „Gesicht" der neuen GS an den monokeltragenden englischen Astronomen Sir Patrick Moore und in Deutschland wurde sie sogar als „Karl-Dall-Replica" betitelt.

Direkt über den Scheinwerfer befand sich eine neue silberfarbene Abdeckung für die Instrumenteneinheit. Das überarbeitete Windschild war für mehr Komfort und Wetterschutz nun dreifach verstellbar und konnte erforderlichenfalls auch vollständig abgenommen werden.

Ein weiteres Beispiel für die umfassende Überarbeitung der 1150er fand sich in der neuen Instrumentenkombination, die kompakter und einfacher zu bedienen war. Tachometer, Drehzahlmesser und auch die Kontrollleuchten waren neu gestaltet und benutzerfreundlicher angeordnet. Darüber hinaus gab es wieder eine digitale LCD-Anzeige, die von BMW als „Fahrer-Informations-Display" bezeichnet wurde.

Es beinhaltete eine digitale Uhr, zeigte den Kraftstoff-

Weitere Änderungen an der Frontpartie waren eine neue Verkleidung für die Instrumentenkombination und ein neu gestaltetes, einstellbares Windschild.

Die hinter der Verkleidung befindlichen Instrumente der 1150er mussten sich ebenfalls einer Überarbeitung unterziehen, wodurch sie leichter und kompakter ausfielen und zudem einfacher zu bedienen waren.

Mit ihrem neuen Äußeren war die GS nicht nur einzigartiger als je zuvor – sie sollte dadurch auch jugendlicher wirken.

Die Änderungen zeigten auch die gewünschte Wirkung. Unmittelbar nachdem sie in den Verkaufsräumen stand, wurde sie zum Bestseller und während ihrer gesamten Bauzeit wurden fast 60.000 Einheiten produziert.

stand, den eingelegten Gang sowie die Öltemperatur an und war von der rechten auf die linke Seite verlegt worden.

Und nicht nur die Anzeigeinstrumente an der R 1150 GS waren neu. Auch die bereits bei der R 1200 C und R 1100 S eingeführten neuen Kombischalter mit ihrer verbesserten Ergonomie waren jetzt bei der neuen GS verbaut.

Manches blieb auch unangetastet: So hatte der Kraftstofftank weiterhin ein Fassungsvermögen von ordentlichen 22 Litern. Allerdings war nun ein Rückschlagventil vorhanden, das im Falle eines Überschlags des Motorrads Kraftstoffaustritt verhindern und damit die Feuergefahr reduzieren soll. Ebenfalls unverändert blieben der Gepäckträger und die ungewöhnliche zweiteilige Sitzbank, bei der sich die Höhe des Fahrersitzes auf 840 mm oder 860 mm einstellen ließ.

Unterm Strich verliehen die überarbeitete Auspuffanlage samt Schalldämpfer, das neue Getriebegehäuse und weitere Details dem Neuankömmling auf gewisse Art das gewünschte „jugendliche“ Äußere. Mittlerweile hatte BMW auch einen ausgezeichneten Ruf für sein fortwährend wachsendes Angebot an aufpreispflichtigem Sonderzubehör. Für das neue Modell reichte die Palette vom schon allgegenwärtigen ABS über die beliebten Heizgriffe weiter zu integrierten Handschützern bis hin zu einer großen Auswahl an Gepäcktransportmöglichkeiten.

Ab Herbst 1999 stand die neue R 1150 GS zum Verkauf und schickte sich umgehend an, noch erfolgreicher zu werden als ihre Vorgängerin. Allein im Jahr 2002 wurden weltweit 18.000 Maschinen verkauft. Zum Produktionsende 2003 war diese Zahl auf fast 58.000 angestiegen. In dieser Zeit wurden außerdem noch weitere 15.000 Adventure-Modelle gebaut.

Teilweise lassen sich die selbst gegen Ende der Produktion noch ansteigenden Verkaufszahlen damit erklären, dass die R 1150 GS im Gegensatz zu den meisten ihrer Ahnen während ihrer Bauzeit modernisiert wurde. So erhielt sie wie alle BMW-Boxermodelle ab November 2002 eine neue Doppelzündung, mit der durch einen optimierten Verbrennungsablauf sowohl der Kraftstoffverbrauch als auch die Abgasemissionen reduziert werden konnten.

WESENTLICHE UNTERSCHIEDE ZWISCHEN DER R 1150 GS UND R 1100 GS

- Hubraum vergrößert auf 1130 cm³ durch Verwendung von R 1200 C-Zylindern
- Zylinderköpfe, Nockenwellen und Kurbelwelle von der R 1100 S übernommen
- Hydraulisch betätigte Kupplung und 6-Gang-Getriebe (bisher 5-Gang)
- Hochwertige verchromte Auspuffanlage mit Interferenzrohr
- Überarbeitete Heckrahmenaufnahme am Getriebegehäuse und Fußrastenplatten
- Größerer Ölkühler (von R 1100 RT)
- Kürzere Paralever-Schwinge (Radstand und Federweg unverändert)
- Leichterer Telelever
- Oberer Kotflügel (Schnabel) in Verkleidung integriert, einstellbares Windschild, asymmetrischer Doppelscheinwerfer, geänderte Instrumentenkombination und Kombischalter
- Neue Farben

DIE R 1150 GS „ADVENTURE“

Während frühere GS-Modelle in schöner Regelmäßigkeit eine Paris-Dakar-Version zur Seite gestellt bekamen – oder zumindest einen Teilesatz, um eine Standardmaschine dazu umzurüsten – ging BMW bei der neuen R 1150 GS eine Schritt weiter. Zwei Jahre nach der Einführung der 1150er, am 13. September 2001 auf der IAA in Frankfurt, enthüllte BMW die neue R 1150 GS Adventure, die es dann Anfang 2002 zu kaufen gab. Das Unternehmen hatte keinerlei Vorstellung davon, wie bedeutend sich dieses Neumodell erweisen sollte.

Inspiriert von den Paris-Dakar-Vorfahren und auch durch die wachsende Beliebtheit der GS und besonders der Dakar-Versionen bei den Abenteuer-Reisenden (daher der Namenswechsel) entstand die neue Adventure nach dem gleichen Rezept dieser Maschinen. Der Grundgedanke verfolgte zwei Ziele: einmal musste die GS geländetauglicher werden (da die Zielgruppe der Abenteuer-Reisenden vorwiegend auf schlechten oder nicht vorhandenen Straßen unterwegs sein würde) und gleichzeitig sollte auch die Langstreckentauglichkeit mit den Schwerpunkten Komfort und Etappendistanz verbessert werden.

Die offensichtlichsten Unterschiede waren ein neuer extragroßer Tank mit 30 Litern Fassungsvermögen und optionale grobstollige Geländereifen, aber tatsächlich fanden sich Änderungen überall am Motorrad. Dazu gehörte eine geländetaugliche Abstimmung der Radaufhängungen inklusive längerer Federwege, eloxierte Felgen, ein größeres Windschild, eine durchgehende Sitzbank und ein stabilerer Motorschutz.

Lenkerschutzbügel und Handprotektoren zählten genauso zur Serienausrüstung wie ein dreiteiliges Kofferset aus Aluminium. Es wurde speziell für die Adventure ent-

Parallel zu den früheren GS-Modellen wurden die langstreckentauglicheren Paris-Dakar Versionen angeboten. Bei der R 1150 GS ging BMW noch einen Schritt weiter und bot das Sondermodell unter dem neuen Namen „Adventure“ an.

Das Konzept der „Adventure“ sah vor, die Geländetauglichkeit der GS weiter zu erhöhen und gleichzeitig die Langstrecken-eigenschaften zu verbessern.

Durch die Fernsehberichterstattung über die Weltreiseabenteuer von Ewan McGregor und Charley Boorman erhielt die neue BMW eine ideale öffentliche Aufmerksamkeit. Um ein Haar hätte der Rivale KTM davon profitiert. Die Österreicher machten jedoch einen Rückzieher und überließen BMW die Ausstattung mit ihrer Adventure.

worfen und bot den passenden Stauraum. Außerdem waren ein großer Motorschutzbügel, ein Scheinwerfergitter sowie Nebelscheinwerfer vorhanden.

BMW hatte auch hier wieder eine breite Zubehörpalette im Angebot, angefangen von klassischen Heizgriffen bis hin zu einem Seitenständer mit größerer Standfläche für weichen Untergrund.

Die Resonanz auf den Auftritt der Adventure war unbeschreiblich. Plötzlich gab es einen neuen „Bergkönig“, eine neue „ultimative GS“. 2004 unternahmen mit diesem Motorrad zwei britische Freunde, der Schauspieler Ewan McGregor und der Reisejournalist Charley Boorman eine Weltreise, die im Rahmen der BBC-Dokumentation „Long Way Round“ im Fernsehen gezeigt wurde. Der Erfolg dieser Sendereihe, die Zuschauer auf der ganzen Welt faszinierte, leistete einen nicht unerheblichen Beitrag zur steigenden Beliebtheit der Abenteuer-Motorräder und der GS im Besonderen.

Ironischerweise hatte McGregor den Einsatz von BMW-Maschinen vorgeschlagen, während der erfahrenere Geländefuchs Boorman anfänglich die KTM 640 Adventure favorisierte. Allerdings hatten die Geländespezialisten aus Österreich Bedenken hinsichtlich der Risiken eines Scheiterns und befürworteten das Projekt nicht. Stattdessen unterstützte schließlich BMW das Team und stellte drei neue R 1150 GS zur Verfügung: zwei für die beiden Fahrer und eine für den Kameramann Claudio von Planta.

Vom 14. April bis zum 29. Juli 2004 reisten die beiden Fahrer, begleitet von einem Fernseh- und Serviceteam über den „Long Way Round“, also ostwärts von London nach New York.

Die Tour war letztendlich eine Globusumrundung über West- und Mitteleuropa, die Ukraine, Russland, die Mongolei, Sibirien, Kanada und weiter durch den nordamerikanischen Kontinent. Am Ende resultierte daraus eine zurückgelegte Gesamtdistanz von 30.220 km.

Der Erfolg der Serie führte 2007 zu einer weiteren Expedition des gleichen Duos, dieses Mal „The Long Way Down“ von John o´Groats im äußersten Norden Schottlands zur Südspitze Südafrikas. Als Untersatz diente dazu der Nachfolger der R 1150 GS Adventure, die R 1200 GS Adventure.

Über 30.000 km legten die beiden Freunde während ihres „Long Way Round“ zurück, der sie von London über Europa, Russland und quer durch den amerikanischen Kontinent nach New York führte.

Zu den Modifikationen an der Adventure gehörten zusätzliche Sturzbügel, längere Federwege und ein Kraftstofftank mit größerem Fassungsvermögen.

Die öffentliche Aufmerksamkeit und positive Berichterstattung über die beiden Fernreisen leisteten einen wesentlichen Beitrag zum erstaunlichen Verkaufserfolg der Adventure. Zwischen 2002 und 2005, dem Jahr ihrer Ablösung durch die neue 1200er, wurden von der 1150er Adventure beeindruckende 17.828 Einheiten weltweit abgesetzt.

2005, im letzten Produktionsjahr der R 1150 GS, fertigte BMW ein Sondermodell zum 25-jährigen Jubiläum der GS-Einführung. Die weiß/blaue Farbgebung war eine Hommage an die Ur-R 80 G/S.

OBEN: Für Kunden, die noch weiter reisen wollten, gab es umfassendes Zubehör. Dazu gehörten Gepäcksysteme, zusätzliche Sturzbügel und vieles mehr.

RECHTS: 2005 wurde zum 25-jährigen GS-Jubiläum ein Sondermodell der Adventure in weiß/blauer Farbgebung aufgelegt.

UNTERSCHIEDE ZWISCHEN DER STANDARD-R 1150 GS UND DER ADVENTURE

- Größerer Kraftstofftank mit 30 Litern Fassungsvermögen
- Höheres (130 mm) und breiteres (120 mm) Windschild
- 20 mm längerer Federweg (inklusive dem neuen White Power-Federbein)
- Blau/Schwarz eloxierte Felgen, wahlweise mit grobstolligen Reifen von Continental
- Neuer Motorschutz aus Aluminium und seitliche Sturzbügel
- Nebelscheinwerfer (an Sturzbügeln befestigt)
- Handprotektoren
- Einteilige Doppelsitzbank
- 12V-Zubehörsteckdose
- Optionales Gepäcksystem aus Aluminium, Koffervolumen rechts 39 Liter, links 36 Liter (wegen Schalldämpferaussparung) sowie Topcase mit 30 Litern
- Blau/Schwarze Ventildeckel aus Magnesium
- Neue Farben: Silber/Grau oder Schwarz/Gelb

KAPITEL 7

Und wieder alles neu – die R 1200 GS (2004 – 2007)

Ab dem Modelljahr 2004 löste die R 1200 GS die R 1150 GS ab. Auch wenn der offensichtlich größere Hubraum für die meisten Schlagzeilen sorgte, fand sich doch weit mehr Neues an der jüngsten GS.

Bis zu diesem Modell war jede neue GS nicht nur stärker und moderner geworden, sondern auch größer und schwerer. Die neue 1200er aber stoppte diese Entwicklung. Durch 2,5 mm mehr Hub entstand zwar ein größerer Hubraum und damit auch mehr Leistung und Drehmoment, das Gewicht hingegen wurde drastisch reduziert. Voll getankt wog die neue 1200er unglaubliche 225 kg, volle 30 kg weniger als die bisherige 1150er. Damit setzte dieses Neumodell auch neue Maßstäbe in Sachen Agilität, Fahrdynamik und Fahrverhalten.

GEGENÜBERLIEGENDE SEITE: 2004 wurde die R 1150 GS durch die praktisch komplett neue R 1200 GS abgelöst. Auch wenn die grundlegenden Prinzipien der Motorkonstruktion und des Designs unverändert blieben, war nahezu alles am Motorrad überarbeitet.

OBEN: Die neue 1200er war in jeder Hinsicht ein Fortschritt, auch wenn sich dieser frühe Prototyp noch im alten 1150er-Gewand zeigt.

MEHR HUBRAUM, WENIGER GEWICHT

Offensichtlich hatte also die neue R 1200 GS mehr zu bieten als nur einen größeren Motor. Um diese außergewöhnliche Gewichtseinsparung zu erreichen, musste sich nahezu jedes einzelne Bauteil einschließlich Schwinge, Rahmen, Räder und Bordelektrik einer Überarbeitung unterziehen. Trotzdem blieb natürlich die zweite und ebenfalls überarbeitete Generation des ölgekühlten Boxer-Motors das Herzstück der neuen GS.

Die Hubraumerhöhung auf 1170 cm^3 machte den BMW-Boxer erneut zum größten Motor in der Enduro-Klasse und bildete die Basis für die höheren Leistungs- bzw. Drehmomentwerte von 98 PS bzw. 115 Nm. Und das war erst der Anfang. Das gesamte Motorrad wurde umgekrempelt, entweder um die Leistung zu verbessern oder das Gewicht zu verringern – oder beides.

So wogen die neuen Kastenkolben mit 410 g pro Stück 10 g weniger als bei der 1150er. Auch das Kurbelgehäuse war wesentlich leichter als zuvor. Ermöglicht wurde das durch modernste CAD-Technik bei der Konstruktion sowie innovative Gusstechnologien bei der Herstellung. Dadurch gelang es, die Wandstärke des Gehäuses zu optimieren, ohne Festigkeitseinbußen in Kauf nehmen zu müssen. Am Ende konnten gegenüber dem Vorgängermodell am Kurbelgehäuse der 1200er volle 1,4 kg eingespart werden.

Nicht weniger interessant waren die weiteren Details. Ein Beispiel dafür war die Kurbelgehäuseentlüftung. Ein Membranventil trennte das Kurbelgehäuse von der Ölwanne und öffnete bzw. schloss den Entlüftungsdurchlauf selbsttätig. Dadurch wurden die Folgen der von den Kolbenbewegungen verursachten Druckpulsationen vermindert und die Ventilationsverluste sowie die Ölverschäumung um ca. 80% reduziert. Damit verbesserten sich der Wirkungsgrad und auch die Ölversorgung besonders bei hoher Belastung.

Aber die bedeutendste Änderung am überarbeiteten 1200er Motor war etwas ganz anderes: Erstmals war eine Ausgleichswelle vorhanden, um unerwünschte Vibrationen auszuschalten. Zu einem gewissen Teil verursachte die Hubraumerhöhung die Notwendigkeit dieser Maßnahme. Trotz des guten Ausgleichs der Massenkräfte beim Boxer-Konzept durch die beiden gegenüberliegenden Zylinder arbeiten herkömmliche Boxermotoren nicht vibrationsfrei, da noch freie Massenmomente vorhanden sind. Und je größer der Hubraum und damit die Kolben, desto stärker treten diese Vibrationen in Erscheinung.

Die Ausgleichswelle rotierte innerhalb der Zwischenwelle in reibungsarmen Lagern und wurde über ein Stirnrad

Beim Modellwechsel von der 1150er zur 1200er wuchs der Hubraum auf 1170 cm^3.

TECHNISCHE DATEN R 1200 GS (2004 – 2007)

Neupreis:	12.360 €
Produktionszeitraum:	2004 – 2007
Stückzahl:	100.000 (inkl. 15.627 Sondermodell Adventure)
Hubraum:	1170 cm³
Bohrung x Hub:	101 mm x 73 mm
Verdichtungsverhältnis:	11 : 1
Gemischaufbereitung:	elektronische Motorsteuerung Bosch Motronic
Leistung:	98 PS bei 7000 U/min
Drehmoment:	115 Nm bei 5500 min-1
Kraftübertragung:	Einscheiben-Trockenkupplung, 6-Gang-Schaltgetriebe, Hinterradantrieb über Kardanwelle
Rahmenbauart:	Motor/Getriebeeinheit tragendes Bauteil, Vorderrahmen und Heckrahmen aus Stahl
Vorderradaufhängung:	Telelever mit Einzelfederbein, Federbasis einstellbar
Hinterradaufhängung:	Paralever mit Einzelfederbein, Federbasis und Zugstufendämpfung einstellbar
Vorderradbremse:	305-mm-Zweischeibenbremse mit Vierkolben-Bremszangen, ABS
Hinterradbremse:	265-mm-Einscheibenbremse mit Doppelkolben-Bremszange, ABS
Reifengrößen:	110/80 x 19 vorn, 150/70 x 17 hinten
Sitzhöhe:	840 – 860 mm
Tankinhalt:	20 Liter
Trockengewicht:	199 kg
Farbe:	Felsrot, Wüstengelb, Granitgrau, Nachtschwarz
Höchstgeschwindigkeit:	205 km/h

direkt von der Kurbelwelle angetrieben. Dadurch drehte sie sich entgegengesetzt zur Kurbelwelle und die beiden auf ihr befindlichen, um 180° versetzten Ausgleichsgewichte wirkten den vom Kurbeltrieb erzeugten Störkräften entgegen. Damit verringerten sich die von ihnen hervorgerufenen Vibrationen auf ein Minimum.

Auch die Kurbelwelle war neu und kompakter ausgeführt, um die Steifigkeit zu erhöhen. Die beiden Hubzapfen rückten näher zusammen, wodurch zusätzlich Gewicht eingespart werden konnte. Wie auch bei der alten 1150er befand sich auf dem Schwungrad eine Einscheiben-Trockenkupplung, allerdings war deren Durchmesser bei der 1200er von 165 mm auf 180 mm angewachsen. Letztendlich wog das neue Triebwerk trotz der zusätzlichen Ausgleichswelle 3 kg weniger als zuvor.

Das elektronische Motormanagement übernahm eine digitale BMS-K (BMW Motorsteuerung K), die den Motorbetrieb optimal an die Betriebsbedingungen anpasste. Besonders für Fernreisende interessant war die integrierte Klopfregelung, die den Zündzeitpunkt der vier Zündkerzen (die neue R 1200 GS war wie die 1150er ab 2002 mit Doppelzündung ausgerüstet) individuell steuerte.

Damit konnte auch minderwertiger Kraftstoff gefahren werden, ohne gleich einen Motorschaden zu riskieren. Zu-

Mehr Hubraum war jedoch nur eine der Änderungen. Eine weitere bedeutende Modifizierung stellte die erstmals vorhandene Ausgleichswelle dar, mit der die Vibrationen des größeren Motors weitgehend eliminiert werden konnten.

Um Gewicht zu sparen, musste sich auch das Fahrwerk einer umfassenden Modernisierung unterziehen. Davon war auch der Paralever nicht ausgenommen.

Auch die vordere Aufhängung samt Telelever erfuhr eine gründliche Überarbeitung, um die Belastbarkeit im harten Geländeeinsatz zu erhöhen.

dem sollte laut BMW die weiterentwickelte Motorsteuerung den Kraftstoffverbrauch gegenüber dem Vorgängermodell um 8% senken.

Ebenfalls leichter war das neue 6-Gang-Getriebe mit nun schrägverzahnten Gangrädern, die leise aufeinander ablaufen. Richtig abgespeckt wurde die Auspuffanlage, die 33% weniger Gewicht auf die Waage brachte.

Für das Fahrwerk galt ebenfalls die Devise, den bekannten GS-Aufbau beizubehalten. Aber innerhalb dieser Vorgabe wurde praktisch alles umgekrempelt. Die größte Änderung betraf den Paralever, dessen Momentabstützung nun nicht mehr unter, sondern über der Schwinge angebracht war. Damit erhöhte sich die Bodenfreiheit und gleichzeitig sank das Risiko einer Beschädigung im Geländeeinsatz.

Auch der innovative Telelever musste sich einer umfassenden Überarbeitung unterziehen. Anstatt aus Aluminiumguss bestand der Vorderrahmen nun aus verschweißten Stahlelementen, was die Belastungsfähigkeit besonders im Geländeeinsatz verbesserte. Die Federbasis des vorderen Federbeins konnte jetzt neunfach verstellt werden, am hinteren Federbein waren die Federvorspannung und Zugstufendämpfung stufenlos verstellbar. Mit der neuen Abstimmung sollte die Geländetauglichkeit weiter verbessert werden.

Die bewährten Kreuzspeichenräder gab es nur noch auf Wunsch. Serienmäßig wurden Aluminiumgussräder mit fünf Doppelspeichen verwendet, die speziell für die GS entwickelt worden waren.

Die Gewichtseinsparung von 0,1 kg an der Frontpartie war praktisch vernachlässigbar, am Heck fiel sie dagegen

Im Gelände war die Neue leichter und handlicher, auf der Straße noch aufregender und leistungsfähiger.

Die BMW-Händler werden demnächst von GS-Besitzern gestürmt, die ihr bisheriges Motorrad gegen eine R 1200 GS eintauschen wollen. Dieses unglaublich vielseitige Motorrad hat das Zeug dazu, eine wesentlich breitere Zielgruppe anzusprechen, als das behäbigere und pummeligere alte Modell.

Motorcycle (USA)

mit 1,6 kg schon deutlicher aus. Die Reifengrößen lagen unverändert bei 110/80 x 19 vorne und 150/70 x 17 hinten.

Wenig Veränderung gab es bei den Bremsen, allerdings waren jetzt die Bremsleitungen als Stahlflexleitungen ausgeführt. Das hatte nicht nur optische Gründe, sondern half auch bei der Gewichtsreduzierung. Das von der R 1150 GS bekannte EVO-Bremssystem wurde wieder übernommen, genauso wie die Bremsscheibendimensionen mit 305 mm vorn und 265 mm hinten. Wie auch zuvor konnte das Integral-ABS wieder als aufpreispflichtige Sonderausstattung bestellt werden.

Neue Wege beschritt BMW bei der elektrischen Anlage, die mit einem modernen CAN-Bus-System (Controller Area Network) arbeitete, eine in der Automobilindustrie bereits weit verbreitete Technologie. Das Grundprinzip dieser Technik basiert darauf, alle Steuergeräte mittels einer gemeinsamen Datenleitung zu verbinden, um Informationen auszutauschen und Signale von Sensoren gemeinsam zu nutzen.

Das brachte etliche Vorteile: Offensichtlich war, dass dadurch die Anzahl und Länge der erforderlichen Kabelverbindungen reduziert werden konnte, was letztendlich auch

Nur noch als Sonderausstattung erhältlich: das Kreuzspeichenrad. Serienmäßig hatte die R 1200 GS leichte Aluminiumgussräder mit fünf Speichen.

Speziell für die GS wurden neue Aluminiumgussräder entwickelt, die ebenfalls einen erheblichen Beitrag zur Gewichtsreduzierung leisteten.

Die neue Instrumenteneinheit war überarbeitet und nochmals erleichtert worden. Clever: Ihre Beleuchtung schaltete sich bei einsetzender Dämmerung automatisch ein.

In allen Aspekten mischte die neue R 1200 GS mit ihrer zusätzlichen Leistung und hochwertigen Bauweise die Enduro-Klasse richtig auf und sicherte BMW weiterhin die Führungsposition.

Die BMW R 1200 GS eroberte die Motorradwelt und veränderte sie auf Dauer. Sie ist ein wahrer Allround-Könner und fühlt sich im Gelände genauso wohl wie auf der großen Tour. Der 1170 cm³ große Boxer-Motor bereitet höchstes Fahrvergnügen, während das Handling, die Bremsen, die Alltagstauglichkeit und der Komfort dieses Motorrads eine Klasse für sich sind.

MCN (GB)

Konsequenterweise hatte die neue R 1200 GS ein neues Erscheinungsbild, das sie leichter, frischer und weniger plump wirken ließ.

Gewicht sparte. Beim Erkennen einer Fehlfunktion oder eines Kurzschlusses schaltete sich das System einfach ab und die sonst üblichen Sicherungen waren daher nicht mehr erforderlich.

Darüber hinaus erlaubt das System mehr Funktionen und verfügt über eine eigene Selbstdiagnose. Während der Fehlersuche können die Ursachen schneller gefunden und beseitigt werden.

Erstmals war auch serienmäßig eine elektronische Wegfahrsperre vorhanden. Sobald der Fahrer mit dem Zündschlüssel die Zündung einschaltete, traten über eine ringförmige Antenne am Zündschloss ein im Schlüssel integrierter Chip und die Steuereinheit der Wegfahrsperre in Kontakt. Damit konnten die im Schlüssel hinterlegten Daten mit den in der Wegfahrsperre gespeicherten Informationen verglichen werden. Nach erfolgreichem Abgleich schaltete die Steuereinheit die Zündung und Einspritzung frei und der Motor konnte angelassen werden.

Leichter und funktionaler zeigte sich die neu überarbeitete Instrumentenkombination.

Neben zwei Zeigerinstrumenten für die Geschwindigkeit und Drehzahl war auch wieder ein digitales Display vorhanden, auf dem der Kraftstoffstand, die Öltemperatur, die Uhrzeit und weitere Informationen angezeigt werden konnten. Gesteuert von einer Fotozelle schaltete sich die Instrumentenbeleuchtung bei aufkommender Dunkelheit automatisch ein.

An den Enden des neuen, dünnwandigeren Lenkers befanden sich ebenfalls modernisierte Armaturen und Kombischalter. Während die grundsätzliche Anordnung unverändert blieb, waren die Schalter ergonomischer gestaltet und hatten eine klare, charakteristische Formgebung.

NEUES STYLING UND NEUE EXTRAS

Natürlich trat die neue R 1200 GS in einem neuen Gewand an. Die Zielvorgabe war ein leichtes, frisches, weniger plumpes Aussehen, in dem sich auch das geringere Fahrzeuggewicht widerspiegelte. Dabei sollte sie trotzdem dynamisch und robust erscheinen, um die Geländetauglichkeit zu unterstreichen.

Dazu wurde der 20 Liter fassende Kraftstofftank der R 1200 GS aus einem besonders leichten, schlagfesten Kunststoff gefertigt, während die beiden seitlichen Tankverkleidungen aus dünnem Aluminium hergestellt wurden. Eine lackierte mittlere Tankabdeckung verlieh dem Kraftstofftank seine besondere Kontur. Davor befand sich eine neue Frontverkleidung mit einem fünffach verstellbaren Windschild und darunter der charakteristische asymmetrische Doppelscheinwerfer.

Die neue zweiteilige Sitzbank gab es in Grau oder Schwarz, auch wieder höhenverstellbar auf 840 bzw. 860 mm. Darüber hinaus konnte noch eine höhere Ausführung (870 bzw. 890 mm) oder tiefere Variante (820 mm) bestellt werden.

Völlig neu war der nun aus leichtem Kunststoff hergestellte Gepäckträger, der mit seinen zahlreichen Verzurrhaken gute Transportmöglichkeiten bot. Topcase und Seitenkoffer mit passendem Träger waren wieder als Zubehör

Die neue Leichtigkeit der 1200er zeigte sich besonders beim Blick von oben, bei dem auch die schmalere ergonomische Sitzbank erkennbar ist.

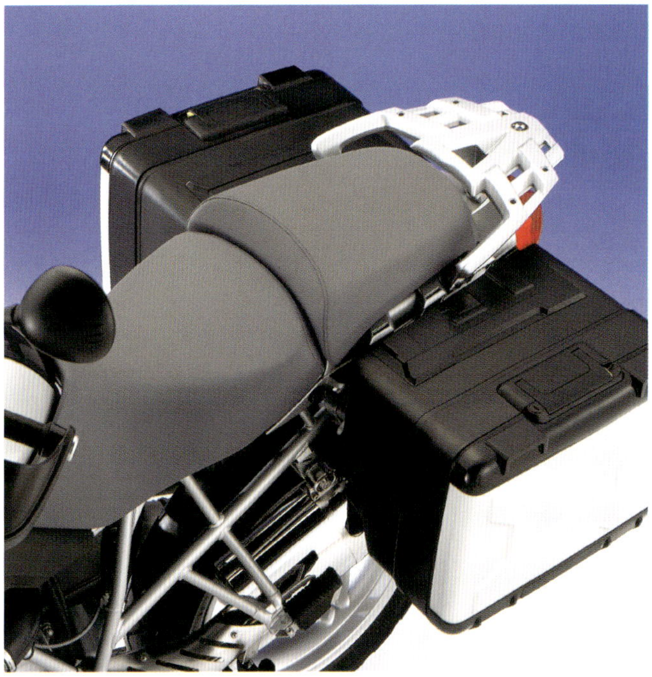

Wie bereits zuvor war die Sitzhöhe der neuen zweiteiligen Sitzbank serienmäßig verstellbar. Darüber hinaus gab es gegen Aufpreis einen noch niedrigeren bzw. höheren Fahrersitz.

Hinter der Sitzbank befand sich wieder ein Gepäckträger. An der 1200er war er jetzt allerdings aus leichtem Kunststoff hergestellt.

Mit schöner Regelmäßigkeit wurde auch dieses Modell auf Anhieb ein Verkaufserfolg. In nicht einmal drei Jahren konnten über 100.000 Maschinen abgesetzt werden. Damit erwies sich die R 1200 GS als das erfolgreichste BMW-Motorradmodell.

erhältlich. Darüber hinaus ließ das von BMW beträchtlich erweiterte Zubehörangebot keine Wünsche offen.

Die neue GS erwies sich – wie ihre Vorgänger – schnell als absoluter Verkaufsschlager: In weniger als drei Jahren wurden über 100.000 Maschinen verkauft. Davon waren 84.373 GS-Modelle in Standardausführung und 15.627 Adventure-Versionen. Kein anderes BMW-Motorrad wurde so oft in so kurzer Zeit gebaut und damit ist die R 1200 GS bis jetzt das erfolgreichste BMW-Motorrad aller Zeiten.

VARIANTEN DER GS

Adventure

Nach dem großen Erfolg des ersten R 1150 GS Adventure Modells von 2002 war es keine Überraschung, dass es auch von der neuen R 1200 GS einen eigenen Adventure-Ableger geben sollte. Dieser erschien im Oktober 2005 und basierte wie zuvor im Wesentlichen auf der Standard-GS. Auch hier war das Entwicklungsziel, die Geländeeigenschaften zu verbessern und den Fernreise-Komfort zu erhöhen.

Eine augenscheinliche Veränderung war der größere Kraftstofftank. Aber dieses Mal machte BMW Nägel mit Köpfen und vergrößerte das Tankvolumen auf satte 33 Liter, 13 Liter mehr als in der Standardversion. Damit erhöhte sich die Reichweite mit einer Tankfüllung auf 720 km, was besonders von den extremeren Fernreisenden geschätzt wurde.

Zu den weiteren Ausstattungsdetails zählte ein größeres Windschild. Es war im Windkanal entwickelt worden und hatte zusätzliche Windabweiser, die für weniger Turbulenzen sorgten. Die Federwege waren länger, die Kreuzspeichenräder mit grobstolligeren Reifen serienmäßig, der Sitz war mehr enduro-orientiert ausgelegt und der Gepäckträger vergrößert. Ein stabiler Sturzbügel schützte den Tank und Motor, zusätzliche Aluminiumabdeckungen vor den Ventildeckeln halfen im Falle eines Falles größere Schäden zu vermeiden.

Die HP2

Eine weitere neue GS-Version erschien ebenfalls 2005: die HP2. Sie entstand als High Performance-Enduro, daher das Kürzel HP. Ihr extremer, kompromissloser Auftritt machte ihren Reiz aus und mit ihr erfüllte sich der Traum vieler Boxer-Freunde. Noch kein Boxer-Modell zuvor war so leicht und athletisch gebaut worden und derart geländetauglich. Mit einer Sitzhöhe von 920 mm stellte sie alles bisher von BMW gebaute in den Schatten. Was jedoch viele nicht realisierten, ist, dass ohne die bereits relativ leichte R 1200 GS keine Basis für die Entwicklung eines solchen Motorrades vorhanden gewesen wäre.

Die unter der Leitung des Projekt-Managers Dr. Markus Theobold arbeitenden Ingenieure hatten bereits bei dem

WICHTIGSTE ÄNDERUNGEN DER R 1200 GS AUF EINEN BLICK

– Deutlich verringertes Gewicht

– Größerer Hubraum und bessere Fahrleistungen

– Neues 6-Gang-Getriebe

– Überarbeiteter Telelever und Paralever

– Neue Instrumentenkombination

– Elektrische Anlage mit CAN-Bus-Technologie

– Neues Styling

WICHTIGSTE ÄNDERUNGEN DER R 1200 GS ADVENTURE AUF EINEN BLICK

– Größerer Kraftstofftank mit 33 Litern

– Größeres Windschild

– Schutzbügel für Tank und Motor, zusätzlicher Ventildeckelschutz

– Gepäckträger aus Edelstahl

– Einstellbarer Fahrersitz mit besserer Geländeergonomie

– Einstellbarer Lenker mit Handschutz

– Längere Federwege vorn und hinten

– Kreuzspeichenräder

– Größere Fahrerfußrasten mit einstellbarem Gang- und Fußbremshebel

– Erhöhte Generatorleistung (720 Watt)

– Neue Farben

Wie auch für die Standard-GS gab es für die Adventure ein umfangreiches Zubehörangebot, das von neuen Aluminiumkoffern bis hin zum BMW-eigenen Motorrad-Navigationssystem reichte.

Angesichts der Beliebtheit der R 1150 GS Adventure war die Einführung einer neuen R 1200 GS Adventure ein Jahr nach dem Debüt der Standard-Maschine keine Überraschung.

Die neue Adventure war wieder ein großer Erfolg. Ihr geringes Gewicht steigerte die Geländetauglichkeit, während der mächtige Tank, die Schutzbügel und weitere Besonderheiten sie aus der Masse der Motorräder herausragen ließ.

Werksrenner R 900 RR Erfahrungen mit einem Gitterrohrrahmen sammeln können. In einen Rahmen dieser Bauart setzten sie einen auf der R 1200 GS basierenden Motor samt Antriebsstrang. Hinsichtlich der Geländetauglichkeit war die HP2 allen bisherigen GS-Modellen haushoch überlegen. Das Fahrverhalten, das durch das 21"-Vorderrad und das geringe Gewicht stark begünstigt wurde, war konkurrenzlos. Allerdings hatte das alles seinen Preis: Die HP2 kostete fast 50% mehr als eine Standard-GS und daher war sie nur zwei Jahre, 2005 und 2006, im Programm. Heute sind diese Motorräder begehrte Sammlerstücke.

Für die 2005 vorgestellte HP2, den in begrenzter Stückzahl gebauten kompromisslosen Ableger der GS, diente die Paris-Dakar Werksmaschine R 900 RR als Vorlage.

Durch ihre ultra-leichte Bauweise und ihren leistungsstarken Motor war die HP2 sowohl im Gelände als auch auf der Straße ein gefürchteter Gegner.

„Long Way Down", die Fortsetzung von „Long Way Round", fand 2007 statt.

WIEDER UNTERWEGS ...

2007 saß das bekannte Team McGregor/ Boorman wieder im Sattel, dieses Mal auf der neuen R 1200 GS Adventure. Dabei entstand eine neue Fernsehserie samt DVD und Buch mit dem Titel „Long Way Down". Während sie bei der Tour „Long Way Round" den Globus von West nach Ost umrundet hatten, fuhr das Duo dieses Mal durch 18 Länder von Nord nach Süd, von John o´Groats in Schottland nach Kapstadt in Südafrika.

Ich fuhr die neue R 1200 GS über 500 Meilen unter wirklich schweren Bedingungen. Egal ob beim Bolzen durch Hochgeschwindigkeitskurven, bei Vollgasorgien auf dem Highway oder beim Wühlen in Schotter und Sand in der Wüste – dieses Motorrad hat sich in jeder Situation tadellos bewährt. Es ist gleichzeitig Geländemotorrad, Tourenmotorrad und Sportmotorrad, hat Heizgriffe, eine einstellbare Sitzhöhe und ABS. Die neue BMW R 1200 GS scheint das vielseitigste Motorrad der Welt zu sein ...

MCN (Australien)

Egal ob auf oder abseits der Straße, eines war klar: Die GS von BMW führt nicht die Klasse an, sondern sie gibt sie vor.

KAPITEL 8

Aktualisiert und aufgewertet – die R 1200 GS (2007 – 2012)

UMFASSENDE MODERNISIERUNGEN

BMW hatte schon in früheren Jahren gezeigt, dass man sich nicht auf den GS-Lorbeeren ausruhen wollte und konnte. Im Jahr 2007, drei Jahre nach der Vorstellung und 75.000 gebauten Motorrädern aus der Fabrik in Berlin-Spandau, musste sich die R 1200 GS wieder einer umfassenden Überarbeitung unterziehen. Etliche Verbesserungen wurden jetzt vorgenommen und eine weitere Aktualisierung sollte 2010 erfolgen, gefolgt von einer Reihe von Sondermodellen.

Die überarbeitete R 1200 GS wurde 2007 auf der EICMA in Mailand erstmals präsentiert. Optische Unterschiede waren neue Seitenverkleidungen aus Leichtmetall und eine ausfallsichere LED-Heckleuchte. Aber die gravierendste Änderung betraf den Motor.

Durch den Einbau der Kolben und Nockenwellen aus den Schwestermodellen R 1200 R und RT stieg die Verdichtung auf 12:1 und damit die Spitzenleistung um 5% auf 105 PS bei der jetzt höheren Drehzahl von 7500 U/min.

Trotz der höheren Verdichtung konnte der Motor nicht nur mit dem herkömmlichen Superkraftstoff mit 95 Oktan, sondern ohne jeglichen Fahrereingriff auch mit Kraftstoff mit 91 Oktan betrieben werden. Ermöglicht wurde das durch eine besondere Klopfregelung.

Gemeinsam mit dem Motor wurde auch der Antriebsstrang auf einen neuen Stand gebracht. Eingebaut war jetzt das 6-Gang-Getriebe mit den kürzeren Übersetzungen des zuvor eingeführten HP2 Sport-Boxers für die Straße.

Den Fahrkomfort erhöhten ein zusätzliches Polster an der Sitzvorderseite und ein neuer Lenker aus Leichtmetall. Andere Lenkerbefestigungen ermöglichten eine einfachere Einstellung des aus konisch gezogenem Rohr hergestellten Lenkers.

Eine weitere bedeutende Neuerung an der 2007er R 1200 GS war die elektronische Fahrwerkseinstellung ESA (Electronic Suspension Adjustment), eine Technologie, die BMW als einer der ersten Hersteller überhaupt drei Jahre zuvor für den Sporttourer K 1200 S angeboten hatte. Dieses Mal handelte es sich allerdings um die Enduro-ESA, die für den Straßen- und Geländeeinsatz bestimmt war. ESA ermöglicht es dem Fahrer, die Einstellung des vorderen und hinteren Federbeins zu ändern. Dazu sind am Lenker Schalter zum Ansteuern von Schrittmotoren vorhanden, mit denen die Federvorspannung bzw. Dämpfung reguliert werden kann. Damit kann der Fahrer die Radaufhängungen an unterschiedliche Straßenbedingungen oder persönliche Bedürfnisse anpassen. Ein leistungsstärkerer Generator sorgte für die zusätzlich erforderliche elektrische Energie und nicht zuletzt waren auch neue Handprotektoren vorhanden.

GEGENÜBERLIEGENDE SEITE: Drei Jahre nach ihrer Vorstellung erfuhr die R 1200 GS ihre erste Überarbeitung. Die seitlichen Verkleidungen aus Leichtmetall waren die offensichtlichsten Änderungen.

MEILENSTEINE UND GEBURTSTAGE

Sondermodell „Alpinweiß“

Am 12. Mai 2009 verließ der 500.000ste Nachkomme der ersten R 80 G/S, die Werkshallen in Berlin. Um dieses Jubiläum zu feiern, baute BMW das Sondermodell „Alpinweiß“ in einer begrenzten Stückzahl von 300 Exemplaren. Dieses Sondermodell hatte eine weiße Uni-Lackierung und schwarze Speichenräder. Weitere Änderungen zur Serie waren ein breiterer Kotflügel mit einer schwarzen Verlängerung, ein bräunliches Windschild und ein Sitz in Schwarz und Grau, der die Sitzhöhe um 20 mm anhob. Dazu gab es einen schwarzen Spoiler und Ventildeckelschützer aus Aluminium.

Herausgeputzt für den Geburtstag

Drei Jahre später, für ihren 30sten Geburtstag in 2010, erfuhr die BMW Reise-Enduro eine weitere Überarbeitung. Dieses Mal erhielt der Dauerbrenner die High-Tech-DOHC-Zylinderköpfe des 2007 vorgestellten Sondermodells HP2 Sport. Nach Herstellerangaben sorgten sie zusammen mit der neuen radialen Ventilanordnung für einen höheren Gasdurchsatz

TECHNISCHE DATEN **R 1200 GS (2007 – 2012)**

Neupreis:	ca. 12.500 €
Produktionszeitraum:	2007 – 2012
Stückzahl:	keine Angabe
Hubraum:	1170 cm³
Bohrung x Hub:	101 mm x 73 mm
Verdichtungsverhältnis:	12:1
Gemischaufbereitung:	elektronische Motorsteuerung Bosch Motronic
Leistung:	105 PS bei 7500 U/min
Drehmoment:	115 Nm bei 5750 U/min
Kraftübertragung:	Einscheiben-Trockenkupplung, 6-Gang-Schaltgetriebe, Hinterradantrieb über Kardanwelle
Rahmenbauart:	Motor/Getriebeeinheit tragendes Bauteil, Vorderrahmen und Heckrahmen aus Stahl
Vorderradaufhängung:	Telelever mit Einzelfederbein, Federbasis einstellbar
Hinterradaufhängung:	Paralever mit Einzelfederbein, Federbasis und Zugstufendämpfung einstellbar
Vorderradbremse:	305-mm-Zweischeibenbremse mit Vierkolben-Bremszangen, ABS
Hinterradbremse:	265-mm-Einscheibenbremse mit Doppelkolben-Bremszange, ABS
Reifengrößen:	110/80 x 19 vorn, 150/70 x 17 hinten
Sitzhöhe:	840 – 860 mm
Tankinhalt:	20 Liter
Trockengewicht:	199 kg
Farben:	Ostragrau metallic matt, Saphirschwarz metallic, Titansilber metallic, Namibiaorange uni, Tansanitblau, Alpinweiß 3
Höchstgeschwindigkeit:	über 200 km/h

Neben den sichtbaren Unterschieden gab es im Verborgenen weitere Modifikationen, die nicht nur den Motor, sondern auch das Getriebe und das Fahrwerk betrafen.

Durch die Motoränderungen stieg die Leistung der R 1200 GS um 5 PS, die für einen willkommenen zusätzlichen Schub sorgten.

Die modifizierten Radaufhängungen und weitere Detailarbeit am Fahrwerk verbesserten das Fahrverhalten der R 1200 GS auf und abseits der Straße.

Mittels ESA, der Elektronischen Fahrwerkseinstellung, lässt sich die Federung der GS per Knopfdruck verändern.

ESA (ELECTRONIC SUSPENSION ADJUSTMENT)

Eine der bahnbrechendsten Sonderausstattungen der neuen R 1200 GS war die Elektronische Fahrwerkseinstellung – von BMW als ESA bezeichnet –, die in dieser Ausführung erstmals für ein Großserienmotorrad erhältlich war.

Eingeführt wurde dieses System 2004 für die K 1200 S und war damals nur als werkseitig montierte, aufpreispflichtige Sonderausstattung zu beziehen. Es ermöglicht dem Fahrer oder der Fahrerin das Fahrwerk des Motorrads bestmöglich an den eigenen Fahrstil, die Beladung des Motorrads und den Straßenzustand anzupassen. Durch einen Schaltknopf am linken Lenkerende können die Federung und Dämpfung des vorderen und hinteren Federbeins verändert werden. Die Einstellung wird von einer zentralen Steuereinheit in zwei Stufen vorgenommen. Zuerst passt der Fahrer die Federbasis an die Beladung des Motorrads an (solo, mit Gepäck oder Beifahrer, mit Gepäck und Beifahrer). Ein Elektromotor führt die Einstellung aus, die aus Sicherheits- und Funktionalitätsgründen nur bei stehendem Fahrzeug möglich ist. Dann kann die dem Fahrstil angemessene Dämpfung gewählt werden, wozu drei Modi zur Verfügung stehen: Sport, Normal und Komfort. Diese Änderungen können auch während der Fahrt vorgenommen werden.

Während am vorderen Federbein nur die Zugstufendämpfung justiert werden kann, sind beim hinteren Federbein die Zug- und die Druckstufe variierbar. Die Verstellung erfolgt über Schrittmotoren. Die elektronische Steuerung wählt die Dämpfung automatisch passend zur Federungseinstellung, so dass die Federungs- und Dämpfungscharakteristik perfekt miteinander harmonieren.

Der Fahrer kann alle drei Modi entsprechend der Zuladung und dem Fahrstil miteinander kombinieren, so dass insgesamt neun verschiedene Einstellungsprogramme möglich sind. Im Display der Instrumenteneinheit wird das momentan gewählte Programm dann angezeigt.

TECHNISCHE ÄNDERUNGEN AN DER R 1200 GS AB 2007 AUF EINEN BLICK

– Motorleistung auf 105 PS angehoben

– Neues 6-Gang-Getriebe mit geänderten Übersetzungsverhältnissen für bessere Beschleunigung

– Optional erhältliche Elektronische Fahrwerkseinstellung (ESA), abgestimmt für Enduro-Anforderungen

– Verbesserte Ergonomie durch neuen Lenker und geänderte Sitzbank

– Leistungsstärkerer Generator

– Neue Seitenverkleidungen, Handprotektoren und LED-Heckleuchte

– Überarbeitete Kraftstoffanzeige mit neuen Sensoren

und eine verbesserte Drehzahlfestigkeit. Zusätzlich konnte auch der Brennraum effizient gestaltet werden. Die größte Schwierigkeit bei der Einführung des DOHC-Ventiltriebs war, dass bei einer herkömmlichen Lösung entweder der Einlass- oder der Auslasskanal der antreibenden Steuerkette im Weg stand.

In den 50er Jahren hatte BMW dieses Problem bei den R50-Rennmaschinen mit einem Königswellenantrieb der Nockenwellen gelöst. Allerdings wäre diese für ein Rennmotorrad angemessene Lösung in der Großserienfertigung zu teuer gewesen. Steuerketten sind kostengünstiger und erfordern im Gegensatz zu Königswellen nur einen geringen Montageaufwand. Um den traditionellen Querstromzylinderkopf mit Auslasskanal vorn und Einlasskanal hinten beibehalten zu können, fand BMW für die HP2 eine besondere Lösung. Während traditionell die Nockenwellen von DOHC-Motoren entweder die Auslassventile oder die Einlassventile steuern, haben diese Nockenwellen jeweils einen Einlass- und einen Auslassnocken. Zur Betätigung der radial angeordneten Ventile mit ihren schräg stehenden Schäften sind die Nocken konisch geschliffen und Schwinghebel übertragen den Nockenhub auf das Ventil.

Anlässlich der 500.000sten produzierten GS wurde das gut ausgestattete Sondermodell „Alpinweiß“ in einer Auflage von nur 300 Exemplaren gebaut.

2010 wurde die R 1200 GS wieder überarbeitet und erhielt zur Leistungssteigerung neue DOHC-Zylinderköpfe.

An der nun senkrechten schwarzen Zündkerzenabdeckung auf dem Ventildeckel kann der DOHC-Motor vom bisherigen Triebwerk leicht unterschieden werden.

Clever gelöst: Auf den Nockenwellen befinden sich jeweils eine Einlass- und eine Auslassnocke, um die traditionelle Motorkonstruktion beibehalten zu können.

Der Aufbau erlaubte auch einen relativ kleinen Ventilwinkel (22°) der radial angeordneten Ventile, was wiederum einen sehr kompakten Brennraum ermöglichte.

Diese und weitere Maßnahmen ließen die Leistung der HP2 auf nunmehr 128 PS ansteigen. Das war gegenüber den 122 PS des Vorgängermodells mit dem SOHC-Zylinderkopf, der R 1200 S, eine deutliche Steigerung, wobei auch über den gesamten Drehzahlbereich mehr Leistung zur Verfügung stand. Allerdings stellte die GS andere Anforderungen an die Motorcharakteristik. BMW erklärte seinerzeit, dass eine zu starke Fokussierung auf die Spitzenleistung die so geschätzte Vielseitigkeit des Boxer-Motors beeinträchtigt hätte. Daher waren in den GS-Zylinderköpfen (und auch bei der identischen RT-Version) zwar die gleichen Ventilgrößen eingebaut (39 mm beim Einlass, 33 mm beim Auslass), aber die Verdichtung war um 0,5 auf 12:1 herabgesetzt und anstelle einer Doppelzündung wie bei der HP2 Sport war nur eine einzelne Zündkerze vorhanden. Der Drosselklappendurchmesser war mit 50 mm um 2 mm kleiner als bei der HP2 Sport, dafür aber immer noch 3 mm größer als bei den vorherigen GS-Modellen.

Schließlich befand sich in der Auspuffanlage noch eine elektronisch gesteuerte Klappe, die auf den Gaswechselvorgang und auch auf die Geräuschentwicklung Einfluss nahm, ohne dass dabei der typische Boxer-Sound beeinträchtigt wurde. Das Resultat dieser Modifikationen war relativ moderat: Die Angabe für die maximale Leistung lautete 110 PS bei 7750 U/min, für das maximale Drehmoment 119 Nm bei 6000 U/min, also ein Zuwachs von 5 PS und 5 Nm. Für den deutschen Markt war die 2010er GS auch in einer 98-PS-Version erhältlich, was in den deutschen Versicherungseinstufungen begründet liegt. Durch einen anderen Ventildeckel konnte der überarbeitete Motor gleich auf den ersten Blick von seinen Vorgängern unterschieden werden.

In den meisten anderen Bereichen unterschied sich die 2010er R 1200 GS nicht von der 2007er Version.

Die Sitzposition, die Anzeigeinstrumente und die Bedienelemente waren typisch für BMW und galten als richtungsweisend in der Enduro-Klasse.

30 Jahre ständige Weiterentwicklung und Verbesserung machten die GS auch 2010 zum Maß der Dinge.

Das bekannte asymmetrische „Gesicht" der GS blieb unverändert. Mittlerweile wurde es als charakteristisches Merkmal der Baureihe angesehen.

Von oben betrachtet eröffnet sich die schlanke „Taille" und die kompakte Bauweise der GS – trotz des relativ sperrigen Boxermotor-Konzepts.

ÄNDERUNGEN AN DER R 1200 GS 2010 AUF EINEN BLICK

- Neuer DOHC-Zylinderkopf mit radialer Ventilanordnung
- Max. Leistung 110 PS bei 7750 U/min, max. Drehmoment 119 Nm bei 6000 U/min
- Neu gestaltete Ventildeckel

SONDERMODELLE

Triple Black (2011)

In den Jahren nach der Jahrtausendwende produzierte BMW etliche Sondermodelle, nicht zuletzt auch bei der GS. Als letztes 2011 vorgestelltes Modell erschien die R 1200 GS „Triple Black". Neben den in schwarz-metallic lackierten Karosserieteilen (BMW ordnet Kotflügel, Verkleidungen usw. tatsächlich unter diesem Begriff ein – das Automobil lässt grüßen!) gab es einige weitere schwarze Bauteile, wie z.B. die Kreuzspeichenräder, die Gabelholme und das Motorgehäuse. Die Hinterradschwinge, der Heckrahmen und die Ventildeckel bekamen als Kontrast eine asphalt-graue Metallic Optik.

Zusätzlich erhielt die Triple Black eine umfangreiche Sonderausstattung, zu der die Enduro-ESA, Heizgriffe, Handprotektoren und ein Gepäckträger gehörten.

Ein weiteres Sondermodell der R 1200 GS erschien 2011: Die „Triple Black" in schwarzem Outfit und mit umfangreichem Zubehör.

Rallye (2012)

Für das letzte Produktionsjahr vor dem Erscheinen einer völlig neuen GS, die für 2013 bereits angekündigt war, nahm BMW noch ein weiteres, sehr spezielles Sondermodell ins Programm: die R 1200 GS Rallye. Die im November 2011 auf der EICMA in Mailand vorgestellte Maschine sollte der über 30-jährigen Erfolgsgeschichte im Geländesport huldigen und war auf Anhieb ein Erfolg. Augenfälligstes Merkmal war ihre Farbgebung: Verkleidungsteile und Kotflügel waren in Alpin-weiß lackiert und der Tank hatte zusätzliche Grafikelemente in den BMW-Motorsportfarben, ähnlich wie bei der Ur-R 80 G/S der 1980er Jahre. Gleichzeitig wurden auch Erinnerungen an die Dakar-Werksmotorräder geweckt, die sich im Staub der Sahara bei der härtesten Rallye der Welt bewährt hatten. So wie auch bei den vorherigen Sondermodellen, hatte die Rallye eine unverwechselbare Optik. Im Gegensatz zu den weiß/rot/blauen Verkleidungsteilen waren die Gabelholme und der Motor schwarz, die Paralever-Schwinge grau und die Ventildeckel in einem besonderen granit-grau-metallic Farbton gehalten. Die höhenverstellbare Sitzbank war in Schwarz/Weiß bezogen und der Heckrahmen in Magma-rot lackiert. Eine verchromte Auspuffanlage und polierte Felgen an den Kreuzspeichenrädern kontrastierten gegen den dunklen Motor. Allerdings glänzte die R 1200 GS Rallye nicht nur optisch, sie war mit einer Fülle von Zubehörteilen ausgestattet, z.B. mit Enduro-ESA, Bordcomputer, weißen Handprotektoren und zusätzlichem Kofferträger.

In 2012, dem letzten Produktionsjahr der 1200er, legte BMW mit dem Modell „Rallye" die letzte Sonderserie dieser Baureihe auf.

INTERVIEWS ZUR FEIER DES 30-JÄHRIGEN JUBILÄUMS

Anlässlich des 30-jährigen Jubiläums der GS bekamen bei den alljährlichen BMW Motorrad Days in Garmisch-Partenkirchen vier Schlüsselpersonen der GS-Geschichte Gelegenheit, über die Historie dieses Motorrades zu sprechen.

Karl-Heinz Gerlinger

Gerlinger war bei der Einführung der R 80 G/S der Geschäftsführer für Marketing und Vertrieb von BMW Motorrad.

Welche Situation fanden Sie vor, als Sie seinerzeit die Leitung von BMW Motorrad übernahmen?
GERLINGER: Der Motorradmarkt boomte, aber BMW konnte daran nicht partizipieren. Die Kunden liefen scharenweise zu den Japanern. HoYaSuKa (Honda, Yamaha, Suzuki, Kawasaki) erzielten einen Verkaufsrekord nach dem anderen, während sich kaum jemand für BMW-Motorräder interessierte.

Was war der Grund dafür?
GERLINGER: Der BMW-Boxermotor wurde von der Motorrad-Presse als überholt angesehen. Leistungsstarke DOHC-Vierzylinder-Motoren galten als das Maß der Dinge und die Japaner boten sie an. Gegen Ende der 1970er Jahre hatten wir das ausgewogenere Modellangebot. Und davon bin ich heute noch überzeugt. Aber die Öffentlichkeit war da anderer Meinung.

Wie kam es dann zur G/S?
GERLINGER: Wir hatten gerade mit der Entwicklung der K-Serie mit ihren Drei- und Vierzylinder-Motoren begonnen. Allerdings benötigten wir schnellstens ein Produkt, mit dem wir Kunden wieder zurückgewinnen konnten. Als uns dann die Entwicklungsmannschaft den Enduro-Prototyp präsentierte, trafen wir glücklicherweise die Entscheidung, zu handeln. Wir sahen das Potenzial, das in diesem Motorrad steckte. Durch die Verwendung erprobter Komponenten war zudem ein schneller Produktionsstart absolut realistisch. Unterstützung erhielten wir auch vom Firmenvorstand. Dr. Sarfert leitete nicht nur die BMW Motorrad GmbH, sondern war auch Personalchef der BMW AG. Er hat sich wirklich sehr für die G/S eingesetzt.

War der Erfolg damals vorhersehbar?
GERLINGER: Natürlich hofften wir, dass die G/S erfolgreich werden würde. Aber wie erfolgreich sie dann werden sollte, hätte sich seinerzeit niemand vorstellen können. Damals hatten wir Verkaufszahlen von nicht einmal 30.000 Einheiten jährlich. Wir hofften, pro Jahr etwa 3000 G/S-Modelle absetzen zu können. Die Tatsache, dass wir mehr als die doppelte Anzahl im ersten Jahr verkaufen konnten, war schon eine Sensation.

Sie erwähnten, dass für den BMW-Boxer Ende der 1970er Jahre kein großes Interesse vorhanden war, aber aus technischer Hinsicht hatte die G/S – außer dem Monolever – nur die schon bekannten BMW-Komponenten zu bieten?
GERLINGER: Das ist richtig, aber diese waren so geschickt miteinander kombiniert, dass daraus eine neue Motorradbauart entstand. Mit diesem Allrounder widersetzten wir uns dem

Zum 30. Geburtstag der GS, der bei den BMW Motorrad Days in Garmisch-Partenkirchen gefeiert wurde, war auch Karl Heinz Gerlinger zugegen und führte eine prominente Gästeliste an.

Trend der 1970er Jahre, der immer speziellere Maschinen hervorbrachte.

Wenn Sie eine GS aus den vergangenen 30 Jahren auswählen dürften, welche würden Sie bevorzugen und warum?
GERLINGER: Ich selbst fahre kein Motorrad mehr. Aber ich würde auf jeden Fall die R 80 G/S nehmen. Sie steht beispielhaft dafür, was eine motivierte Mannschaft mit begrenzten Mitteln erreichen kann.

Christian Landerl

Dr. Christian Landerl arbeitet seit 1991 für BMW und war von 2008 – 2012 für die Modellentwicklung verantwortlich. Davor war er zuständig für die Entwicklung des Antriebsstrangs.

Welche Charaktereigenschaften zeichnen die GS-Modelle aus?
LANDERL: Diese Motorräder bereiten einen großen Spaß. Sie sind bestens sowohl für Langstreckenreisen als auch für die Kurvenhatz geeignet, sind bequem – sogar mit Sozius – auf langen Touren, egal ob auf Asphalt oder auf Schotterpisten. Und auf schnellen Bergstrecken lehren sie sogar manchem Sportmotorradfahrer das Fürchten. Das sind die Eigenschaften, die unsere GS-Modelle zu dem machen, was sie sind und was dieses Motorrad so einzigartig macht.

Die GS vereinigt Straßenkomfort mit Geländetauglichkeit. Was sind die besonderen Herausforderungen bei der Entwicklung einer GS?
LANDERL: Einfach gesagt, die Herausforderung ist die perfekte Verknüpfung von Straßen- und Geländeeigenschaften. Die Vorstellung, was mit einer GS alles machbar sein soll, muss bei der Entwicklung mit einfließen.

Die GS hat wiederholt mit technischen Innovationen Aufmerksamkeit erregt. Welche waren die Meilensteine?
LANDERL: Innovationsfreude war schon immer eine Schlüsselkomponente von BMW Motorrad. Das GS-Konzept war bahnbrechend. Zukunftsweisende technische Lösungen aus dem Fahrwerksbereich waren feinfühlig arbeitende Radaufhängungen wie der Monolever, Paralever und Telelever. Die GS-Modelle waren auch immer Vorreiter bei umweltfreundlicher Antriebstechnik und bei der Sicherheit. Und eine intelligente, gewichtssparende Technologie ist sogar in der Bordelektrik vorhanden, wo CAN-Bussysteme die Komponenten miteinander verbinden.

Welche Rolle spielen frühere Modelle bei der Entwicklung einer GS?
LANDERL: Die Vorgängermodelle sind unsere Leitfäden. Wir kennen die Vorteile und die Nachteile dieser Modelle sehr genau. Anhand dieser Informationen bauen wir das Nachfolgemodell, um es noch besser zu machen.

Er war einer der Schlüsselfiguren in der Geschichte der GS: Dr. Christian Landerl.

Wie wird die GS der Zukunft aussehen?
LANDERL: Auch wenn man stolz auf das Erreichte sein kann, wäre es fatal, in Untätigkeit zu verfallen. Mike Carter, ein britischer Journalist, der seine Motorradfahrerkarriere auf einer GS begonnen hat, schrieb einmal: „Leben geht nur vorwärts, nicht rückwärts". Diese einleuchtende Botschaft sagt mir: BMW GS-Modelle werden immer wieder aufs Neue den Standard für die Reise-Enduros setzen.

Zum Jubiläum erscheinen etliche Sondermodelle. Auf was können wir uns noch freuen?
LANDERL: Die Ausstrahlung der GS-Modelle wird sehr stark durch die sportlichen Erfolge bei berühmten Rallyes wie der Paris-Dakar beeinflusst. Diese wirklich beeindruckende Vergangenheit würdigen wir mit einem besonderen Design. Die Sondermodelle „30 Jahre GS" sind besonders für diejenigen Kunden gedacht, die ein besonderes Motorrad suchen, das aus unserem Angebot herausragt.

Hermann Bohrer

Der 1956 geborene Hermann Bohrer war zwischen 2006 und 2013 Leiter der Motorradfabrik in Berlin und gehört dem Aufsichtsrat von BMW Motorrad an. In seiner 35jährigen Betriebszugehörigkeit hatte er verschiedene Aufgaben in sechs BMW-Sparten. Bis 2006 war er verantwortlich für die Rolls Royce Car Manufacturing in Goodwood (GB). Seit er 20 Jahre alt ist, fährt er Motorrad.

Welche Bedeutung hat die GS für die Fabrik?
BOHRER: Der enorme Erfolg der GS verschafft unserer Fabrik in Berlin eine Menge Arbeit. Sie wurde unser „Brot-und-Butter-Modell". Heute verlassen täglich etwa 160 BMW R 1200 GS und R 1200 GS Adventure sowie 90 BMW F 650 GS/F 800 GS unsere Fließbänder. Die GS sichert Arbeitsplätze und ist ein Beleg für unsere Leistungsfähigkeit. Unsere eigene mechanische Fertigung produziert die wichtigsten Motorteile, während der legendäre Boxer-Motor in unserer Motorenabteilung zusammengebaut wird. Die Berliner Fabrik lackiert den Tank und die Verkleidungsteile und schweißt den Rahmen. Aus diesen und weiteren Komponenten entsteht dann schließlich auf unseren Montagebändern die GS. Der Erfolg unseres großen Zugpferds wird durch die kleine Enduro der F-Baureihe fortgesetzt. Auch die F 650 GS und die F 800 GS werden hier in Berlin gebaut.

Hermann Bohrer war zwischen 2006 und März 2013 Werksleiter der Produktionsstätte in Berlin. Danach wechselte er als Leiter des Stammwerks nach München, wo der BMW 3er vom Band läuft. Seit Dezember 2016 ist er für den Bau und den Betrieb des künftigen Werkes der BMW Group in San Luis Potosí in Zentralmexiko verantwortlich.

Was hat sich bei der Produktion der GS in den letzten 30 Jahren geändert?
BOHRER: Vor 30 Jahren wurden die Motorräder an einem kettengetriebenen Fließband montiert und danach auf einer kleinen Teststrecke auf dem Fabrikgelände Probe gefahren. Seitdem hat sich vieles geändert. 1981, im ersten durchgehenden Produktionsjahr der GS, wurden nicht weniger als 5000 GS-Motorräder gebaut – etwa ein Zehntel der jetzigen Enduro-Jahresproduktion. Die heutigen Produktionsabläufe entstanden anhand unserer gesammelten Erfahrungen aus optimierten Herstellungsprozessen, ergonomischen Arbeitsplätzen und ökonomischem Einsatz von Ressourcen.

Wie viele GS-Motorräder wurden bisher in Berlin produziert?
BOHRER: Am 12. Mai 2009 verließ die 500.000ste GS das Montageband in Berlin. Seitdem wurden etwa weitere 33.000 hergestellt.

Seit 2009 werden BMW Motorräder auch außerhalb Europas gefertigt. Die BMW G 650 GS wird bei DAFRA Motors in Brasilien zusammengebaut. Welche Rolle hat die Berliner Fabrik dabei gespielt?
BOHRER: Das dortige Montageband ist eine Kopie der Berliner Fertigungsstraße. Wir bauten es und bildeten die brasilianischen Arbeiter daran aus: die Mitarbeiter mit Schlüsselfunktionen direkt hier in Berlin, die anderen vor Ort in Manaus. Unsere Fabrik kümmert sich auch weiter um die Serienfertigung, um die BMW-Qualität auch im Herzen des brasilianischen Regenwalds sicherzustellen.

Welche GS mögen Sie am liebsten?
BOHRER: Ich bin passionierter Boxer-Fahrer. Mein Favorit ist die R 1200 GS.

David Robb

David Robb, 1955 geboren, war von 1993 bis 2012 der Leiter des Design Studios von BMW Motorrad. Der Amerikaner begann 1984 seine Karriere bei BMW als Designer für Automobile und übernahm später die Abteilungsleitung. Vor dem Eintritt bei BMW arbeitete Robb zuerst bei Chrysler Advanced Design in Detroit (USA) und wechselte 1980 zu Audi Design. Robb ist leidenschaftlicher Motorradfahrer. Seine Handschrift hat das Design der GS-Baureihe mehr als die Hälfte ihres Daseins geprägt.

Die Optik eines Motorrads wird sehr stark durch die eingebaute Technik geprägt. Wie wichtig ist noch das Design?
ROBB: Natürlich sehr wichtig. BMW steht für Qualität und Zuverlässigkeit, aber Funktionalität alleine reicht heutzutage nicht mehr aus. Die Menschen möchten von etwas begeistert sein. Auch Technik kann schön aussehen. Darauf arbeiten wir hin.

Was charakterisiert das Design einer GS?
ROBB: Design hat immer etwas mit Charakter zu tun. In früheren Zeiten hatten wir das Bild des Mannes vor Augen, der mit einem Boot um die Welt gesegelt war und soviel erlebt hatte. Wir haben ihm einfach vertraut. Genau so ist es mit der GS: Man vertraut ihr, man kann sich auf sie verlassen. Eine GS muss nicht schick sein, sondern solide und zuverlässig. Und sie muss Ecken und Kanten haben. Damit meine ich nicht die Geometrie, sondern die Erscheinung.

Zuverlässig und kantig – wie sind diese Charakterzüge im Design ausgedrückt?
ROBB: Das ist meine Lieblingsfrage. Es ist nicht ein Detail, sondern eine Komposition vieler Details. „Breite Schultern" sind wichtig bei einer GS. Eine ausladende Frontpartie, das Heck dafür leichter ausfallend. Wie ein Pfeil, wenn man will, der sich selbst nach vorn schießt. Natürlich sind auch andere auffallende Teile vorhanden, so wie die derzeit verwendete Auspuffanlage aus Edelstahl. Sie vermitteln Stabilität und hohe Qualität. Aber keines dieser Elemente alleine macht eine GS. Vielmehr ist es die Gesamterscheinung.

30 Jahre GS – welchen Einfluss hat die Vergangenheit auf die Entwicklung neuer Modelle?
ROBB: Es ist wichtig zu wissen, wo wir stehen und wo wir hin wollen. Unsere Vergangenheit spornt uns an, mehr zu tun. Schließlich ist es unser Erbe, innovativ zu sein. Das war schon 1923 bei unserem ersten Motorrad so. Viele Menschen glauben, Geschichte bedeute etwas Gegenständliches zu bewahren. Bei einigen GS-Modellen mag das der Fall sein, sie haben auch heute noch einen Boxer-Motor. Aber wir haben auch GS-Modelle ohne Boxer-Motor. Sie führen die Geschichte und damit die traditionelle Innovationsfreudigkeit von BMW weiter.

Anlässlich der 30-Jahr-Feiern werden Jubiläumsmodelle aufgelegt. Auf was können wir uns freuen?
ROBB: Jedes Motorrad hat etwas Individuelles, selbst wenn die Grundzüge identisch sind: Das ist die Verbeugung vor der Geschichte und besonders vor den Erfolgen im Motorsport. Ich finde das neue Aussehen aufgeräumt und gleichzeitig typisch BMW: Die Technik ist sichtbar, die Verkleidungsteile sind durch besondere Farben unverwechselbar und dazu gibt es einige zusätzliche Besonderheiten. Unterm Strich eine fantastische Mischung aus Tradition und Moderne.

Der Amerikaner David Robb leitete von 1993 bis 2012 die Design-Abteilung von BMW Motorrad.

BMW
GS
brembo

KAPITEL 9

Eine völlig neue R 1200 GS (ab 2013)

EIN LEERES BLATT?

Nach acht Jahren R 1200 GS, die ja auch eine Weiterentwicklung der bereits 1993 vorgestellten R 1100 GS war, musste die nächste Entwicklungsstufe der GS eine neue Ära einläuten – was schließlich auch geschah.

Erstmals seit der vor 20 Jahren eingeführten 1100er mit ihrem luft-/ölgekühlten Motor entstand eine von ihren Vorgängern losgelöste GS. Allerdings gab es eine wichtige Einschränkung. BMW war mehr denn je vom Gesamtkonzept und dem grundlegenden Aufbau der Reise-Enduro überzeugt. Bestätigt wurden sie auch durch die vielen tausend begeisterten Kunden und Anhänger der GS und um diese nicht zu verschrecken, kündigte BMW die Neuschöpfung dieses Mal mehr evolutionär als revolutionär an. Immerhin war die GS 2012 nicht nur das meistverkaufte Motorrad von BMW, sondern sie war der langjährige König in der Klasse der Reise-Enduros – eine Klasse, die sie selbst mitbegründet hatte. BMW musste unbedingt das Credo der GS bewahren. Das war mehr als ein Lippenbekenntnis, denn jedes Abweichen davon hätte nicht kalkulierbare Risiken nach sich gezogen.

Das übergeordnete Ziel war eine weiter optimierte GS, die in allen Belangen verbessert und mit innovativen technischen Lösungen versehen war, um sie für die Zukunft zu wappnen.

Das BMW-Management wünschte außerdem eine „weitere Steigerung der gesamten Leistungsentfaltung", allerdings durften dabei nicht die so geschätzten Tugenden des Motorrads beeinträchtigt werden.

Darüber hinaus definierte BMW weitere Schwerpunkte: „Perfektionieren der Reisetauglichkeit", „Steigern der Geländetauglichkeit", „Spitzenwerte im Segment der Reise-Enduros bei Motorleistung und Fahrleistungen", „Zukunftsfähig hinsichtlich Geräusch- und Abgasverhalten", „Fahrwerk mit herausragendem Handling, bestmöglicher Traktion und verbesserten Fahrleistungen im Gelände", „Erhöhen der aktiven und passiven Sicherheit", „Unverwechselbares BMW Motorrad-Design in typischem GS-Stil" und nicht zuletzt „Höchste BMW-Qualität".

Obwohl das neue Motorrad auf einem „weißen Blatt" entstehen musste, war es offensichtlich, dass viele der traditionellen GS-Merkmale wiederkehren würden.

GEGENÜBERLIEGENDE SEITE: Acht Jahre nach der Einführung der R 1200 GS wurde 2013 ein neues Modell vorgestellt. Dabei handelte es sich um die erste wirklich neue GS seit der R 1100 GS von 1993.

DER NEUE MOTOR

Eine Komponente, die Innovation und Tradition vereinigen wurde, war der ebenfalls völlig neue Boxer-Motor der neuen R 1200 GS. Auch wenn die Tradition von BMW die Fortführung des Boxerkonzepts verlangte, erforderten die neuen Leistungsvorgaben einschneidende Änderungen, nicht zuletzt die erstmalige Einführung einer Flüssigkeitskühlung (wenn auch nur in einer reduzierten Ausführung).

Bis jetzt waren alle Boxer-Motoren luftgekühlt, auch wenn die Motoren der R 1100 GS und der folgenden 1150er und 1200er-Modelle eine zusätzliche Ölkühlung hatten und daher manchmal mit dem Spitznamen „Ölkopf" bezeichnet wurden.

Jetzt führte an der Flüssigkeitskühlung kein Weg mehr vorbei, sollten die Leistungsziele erreicht und gleichzeitig die bestehenden und kommenden Abgas- und Geräuschvorschriften eingehalten werden können. Gleichzeitig war der Motor damit aber auch für die weitere Zukunft gerüstet.

BMW musste sich den technischen Erfordernissen beugen und versuchte, das Beste daraus zu machen.

Die Aufgaben des Öls bei der kombinierten Luft-/Ölkühlung der bisherigen Motoren übernahm nun eine Mischung aus Glycol und Wasser, die mehr Wärme aufnehmen konnte und so eine bessere Wärmeabfuhr sicher stellte.

Allerdings sind nur wesentliche Bauteile flüssigkeitsgekühlt und dann auch nur in einer besonders angepassten und wirkungsvollen Weise.

Kühlkanäle finden sich nur in den thermisch am höchsten belasteten Zonen: den beiden Zylinderköpfen und im oberen Bereich der Zylinder.

Wie bei allen Vorgängern war ein Boxer-Motor das Herz der 2013er GS.

Im Gegensatz zu ihren Vorgängern war die neue 1200er erstmals flüssigkeitsgekühlt. Die beiden Kühler sind geschickt und kaum sichtbar unter den silberfarbenen Seitendeckeln untergebracht.

Ein Blick unter die Seitendeckel verrät, wie gut die BMW-Ingenieure die beiden Kühler versteckt haben.

TECHNISCHE DATEN — R 1200 GS (AB 2013)

Neupreis:	14.100 €	Hinterradaufhängung:	Paralever mit Einzelfederbein, Federbasis und Zugstufendämpfung einstellbar
Produktionszeitraum:	Ab 2013	Vorderradbremse:	305-mm-Zweischeibenbremse mit Vierkolben-Bremszangen, ABS
Stückzahl:	keine Angabe	Hinterradbremse:	276-mm-Einscheibenbremse mit Doppelkolben-Bremszange, ABS
Hubraum:	1170 cm³	Reifengrößen:	120/70 x 19 vorn, 170/60 x 17 hinten
Bohrung x Hub:	101 mm x 73 mm	Sitzhöhe:	850 – 870 mm
Verdichtungsverhältnis:	12:1	Tankinhalt:	20 Liter
Gemischaufbereitung:	elektronische Motorsteuerung Bosch Motronic	Trockengewicht:	238 kg
Leistung:	125 PS bei 7750 U/min	Farben:	Lightwhite uni, TripleBlack, Racingred uni, Alpinweiß 3 uni, Bluefire uni, Thundergrey metallic, Frozendark-blue, Blackstorm metallic
Drehmoment:	125 Nm bei 6500 U/min	Höchstgeschwindigkeit:	über 200 km/h
Kraftübertragung:	Mehrscheiben-Nasskupplung, 6-Gang-Schaltgetriebe, Hinterradantrieb über Kardanwelle		
Rahmenbauart:	Motor/Getriebeeinheit tragendes Bauteil, Vorderrahmen und Heckrahmen aus Stahl		
Vorderradaufhängung:	Telelever mit Einzelfederbein, Federbasis einstellbar		

Die Wärmeableitung erfolgt über zwei kleine Kühler, die vorne unterhalb des Kraftstofftanks angebracht und von der Seitenverkleidung gut getarnt sind. Hinter dem rechten Kühler befindet sich ein elektrischer Lüfter, der im Bedarfsfall automatisch zugeschaltet wird, z.B. im sommerlichen Stadtverkehr. Entsprechend gestaltete beidseitige Luftführungen leiten die warme Abluft hinter dem Fahrer in Freie. Wie schon bei den luft-/ölgekühlten Motoren übernimmt auch bei der neuen GS die Luftkühlung einen Teil der Wärmeabfuhr. Deshalb fallen die beiden Kühler auch relativ klein aus und das charakteristische Erscheinungsbild des Boxers bleibt gewahrt.

Allerdings hat die Luftkühlung jetzt einen geringeren Anteil als zuvor. Bei der Ölkühlung lag das Verhältnis bei 22% für das Öl und 78% für die Luft. Bei der neuen GS haben sich die Zahlen verschoben auf 35 % für das Kühlmittel und 65% für die Luft.

Einige Nachteile mussten allerdings in Kauf genommen werden. Bei flüssigkeitsgekühlten Motoren erhöht sich durch die Kühler und andere Bauteile das Gewicht des Triebwerks. Auch wenn es sich bei der GS nur um eine partielle Flüssigkeitskühlung handelt, war der neue Motor um etwa 2,7 kg schwerer als sein Vorgänger.

Jedoch konnte BMW dieses Manko mit seiner kompakten Größe und hohen Effizienz zumindest teilweise ausgleichen.

Das neue Kühlsystem war erst der Anfang aller Ver-

Eine weitere gravierende Änderung am neuen Motor war die Verlegung der Einlasskanäle von der Zylinderkopfrückseite auf deren Oberseite.

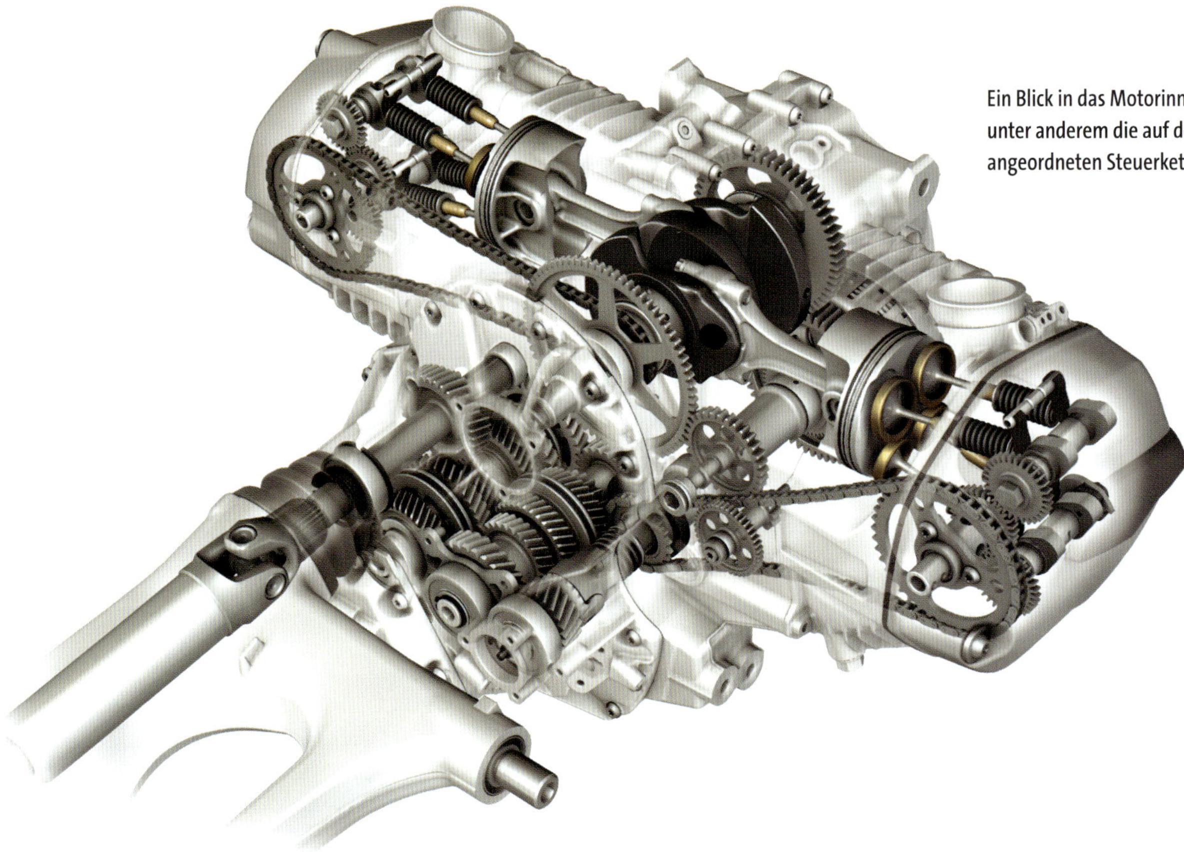

Ein Blick in das Motorinnere zeigt unter anderem die auf der Rückseite angeordneten Steuerketten.

änderungen. Auch das Einlasssystem erfuhr eine völlige Umgestaltung. Die Querstrom-Zylinderköpfe aller bisherigen Boxer-Motoren wurden horizontal durchströmt, nun erfolgte der Gaswechsel in senkrechter Richtung. Damit beeinträchtigte die Ventilsteuerung nicht mehr die Gestaltung des Einlasskanals und so konnte für die Kanäle auf beiden Zylinderseiten die ideale Länge realisiert werden.

Zur Optimierung der Gemischbildung waren die Einspritzventile nun so nahe wie möglich an den Einlassventilen angeordnet. Das begünstigte die Leistung und das Drehmoment über den gesamten Drehzahlbereich und senkte darüber hinaus noch den Kraftstoffverbrauch.

Wie beim Vorgänger waren die Nockenwellen der neuen 1200er aus wärmebehandeltem Stahl hergestellt und horizontal angeordnet. Durch die Änderung des Gaswechsels von der Horizontalen in die Senkrechte hatten die Einlass- und Auslassventile nun eigene Nockenwellen (zuvor befanden sich jeweils ein Auslass- und ein Einlassnocken auf der Welle). Damit war der Motor auch für eine zukünftige variable Ventilsteuerung vorbereitet.

Der Antrieb der zwei Nockenwellen erfolgte wie bisher über eine im Schacht hinter den Zylindern laufende Kette (auf der rechten Motorseite über die Ausgleichswelle und links über die Kurbelwelle). Die Steuerkette trieb eine zwischen Ein- und Auslassnockenwelle liegende Zwischenwelle an, die wiederum über Stirnradpaare die Nockenwellen antrieb. An den Auslassnockenwellen befand sich je eine fliehkraft-gesteuerte Dekompressionseinrichtung, die den Anlassvorgang erleichterte. Hierdurch konnte beim Starter und bei der Batterie Gewicht eingespart werden.

Mit einher ging eine Anhebung des Verdichtungsverhältnisses gegenüber dem Vorgänger von 12,0 : 1 auf 12,5 : 1.

Anstelle der bisherigen radialen Ventilanordnung standen die vier Ventile in engem Winkel einlassseitig 8 und auslassseitig 10 Grad zueinander und ermöglichten eine kompakte, für optimale Verbrennungsabläufe entscheidende Brennraumform. Die Ventile selbst waren um 1 mm vergrößert (Einlass 40 mm, Auslass 34 mm), um den Gaswechsel zu verbessern. Der Ventilschaftdurchmesser blieb mit 5,5 mm unverändert.

Wie zuvor wurden die Ventile über leichte Schwinghebel betätigt, wie sie vom Prinzip her auch bei der vierzylindrigen S 1000 RR vorhanden sind, die Ventilspieleinstellung erfolgte nun mittels Einstellscheiben (Shims) anstelle der bisherigen Halbkugeln.

Aufgrund der höheren Drehzahl waren die Ventilfedern deutlich kürzer und auf einen optimalen mechanischen Wirkungsgrad ausgelegt.

Komplett überarbeitet wurde auch die Kurbelwelle. Zur Minderung der Reibungsverluste hatten die Hauptlager einen Durchmesser von 55 mm statt bisher 60 mm. Zudem wies die Kurbelwelle schmalere, dafür aber im Durchmesser von 48 auf 50 Millimeter vergrößerte Hubzapfen auf. Daher war sie insgesamt leichter und kompakter, aber trotzdem sehr viel steifer.

Trotz des geringeren Gewichts der neuen Kurbelwelle erforderte das neue Triebwerk eine mit Kurbelwellendrehzahl laufende, entgegengesetzt drehende Ausgleichswelle für die Eliminierung unerwünschter Vibrationen. Die Ausgleichswelle war als hohle Zwischenwelle ausgeführt, innerhalb derer gleichzeitig die Kupplungswelle rotierte. Damit lief auch der neue, in seinem Drehzahlniveau deutlich höher arbeitende Antrieb über den gesamten Drehzahlbereich komfortabel und gerade im oberen Drehzahlbereich spürbar schwingungsärmer. Die für den Boxer typische Grundcharakteristik blieb dennoch erhalten.

Ein weiterer wesentlicher Unterschied des neuen Motors lag in seiner Grundkonstruktion. Erstmals bei einem BMW-Boxer waren die Zylinder der neuen R 1200 GS nicht als separates Bauteil auf das Motorgehäuse aufgesetzt, sondern darin integriert. Ermöglicht wurde das durch ein vertikal geteiltes Kurbelgehäuse mit jeweils einem Zylinder pro Gehäusehälfte. Die Kurbelwellenhauptlager waren jetzt zweiteilig und befanden sich in entsprechenden Aufnahmen in der Trennfläche. Mit den Zylinderlaufbahnen führte BMW eine Technik ein, die bereits bei den PKW-Motoren zum Einsatz kam. Dabei handelte es sich um eine verschleißfeste und reibungsarme Eisen/ Kohlenstoff-Beschichtung, die in einem speziellen, von BMW entwickelten Verfahren aufgetragen wird.

WEITERE NEUIGKEITEN

Ein weiteres Novum für einen BMW-Boxer war die Integrierung der Kupplung und des Getriebes in das Motorgehäuse. Damit konnte etwas Gewicht gespart werden, der erforderliche Raum ist geringer, die Herstellung kostengünstiger und die Steifigkeit des Triebwerkblocks nimmt zu.

In diesem Zug musste das Getriebe komplett überarbeitet werden und die erhöhte Motorleistung erforderte neue Übersetzungsverhältnisse. Erstmals hatte ein BMW-Serienboxer anstelle der Einscheiben-Trockenkupplung eine Mehrscheiben-Nasskupplung mit 8 Reibscheiben. Ihr Außendurchmesser war deutlich kleiner (147 anstelle 180 mm). Ihre kompakte Größe verringerte erheblich und damit vorteilhaft die rotierenden Massen.

Eine weitere Premiere für den Boxer-Motor war die Auslegung der Kupplung als Anti-Hopping-Kupplung, auch als „Slipper Clutch“ bezeichnet.

Getriebe und Kupplung der neuen 1200er waren natürlich auch neu und erstmals kam eine Mehrscheiben-Nasskupplung zum Einsatz.

Für viele war die auffälligste sichtbare Änderung die völlige Umgestaltung der Hinterradaufhängung. Der Paralever war nun nicht mehr auf der rechten Seite und der Endschalldämpfer links, sondern genau umgekehrt.

Der oben erwähnte Wechsel hatte zur Folge, dass die GS nun auf dem Seitenständer stehend ihre Schokoladenseite zeigte.

Diese bekannte, besonders bei leistungsstarken Motorrädern verbaute Technik unterdrückte das Hinterradstempeln, wenn bei hohen Drehzahlen heruntergeschaltet und gleichzeitig stark verzögert wurde.

Auch neu war die völlig überarbeitete Motorsteuerung BMS-X (BMW Motor Steuerung-X). Zu den wesentliche Merkmalen dieses neuen Systems zählten eine vollsequenzielle Einspritzung sowie ein kompakter Aufbau und ein geringes Gewicht. Im Gegensatz zum Vorgängermodell hatte sich der Drosselklappendurchmesser jetzt um 2 mm auf 52 mm vergrößert.

Die neue 1200er war auch die erste GS, die auf Wunsch mit einer elektronischen Geschwindigkeitsregelung (Tempomat) ausgerüstet werden konnte. Über einen Knopf am linken Lenkerende wurde sie eingeschaltet und mit einem Wippschalter konnte die Geschwindigkeit eingestellt werden.

Vollständig aus Edelstahl bestand die leistungsoptimierte Auspuffanlage. Die auffälligste Änderung daran war jedoch der Einbauort des Schalldämpfers, der von der linken Seite nach rechts gewandert war und mit dem Paralever den Platz getauscht hatte. Der Grund dafür war ganz simpel: Hans Blesse, der das Projekt der neuen GS überwachte, hatte bemerkt, dass etliche Mitglieder der Entwicklungsmannschaft Brandstellen an ihren Hosen hatten, nachdem sie einen Tag mit der alten Version unterwegs waren. Daraus folgerte er, dass sich die Fahrer beim Anhalten mit dem linken Fuß abstützten – die Seite, auf der bisher der Auspuff angebracht war. Das gab den Ausschlag, den Auspuff auf die andere Seite zu verlegen und der Rest des Motorrads wurde dementsprechend geändert.

Die Verlegung des Schalldämpfers führte bei der neuen R 1200 GS dazu, dass erstmals nach neunzig Jahren der Hinterradantrieb die Seite wechseln musste und sich nun links befand. Als Nebeneffekt hat das auf dem Seitenständer stehende Motorrad eine andere Wirkung und lässt einen ungestörten Blick auf das neu gestaltete Hinterrad zu.

Eine Traktionskontrolle (von BMW als ASC – Automatische Stabilitätskontrolle bezeichnet) und umschaltbare Fahrmodi waren wieder als Sonderausstattung in neuer Abstufung erhältlich. Jetzt standen fünf verschiedene Fahrmodi zur Verfügung:

RAIN: für Fahrten auf regennasser Fahrbahn; ROAD: für Fahrten auf trockener Fahrbahn; DYNA: für dynamisches Fahren auf trockener Fahrbahn; ENDURO: für Fahrten im Gelände; ENDURO Pro: für sportliche Fahrten im Gelände.

ESA, die 2007 erstmals bei der GS verfügbare elektronische Fahrwerkseinstellung von BMW, wurde in überarbeiteter Form wieder angeboten.

Auch wenn das Fahrwerk der neuen R 1200 GS völlig überarbeitet war, blieben mit dem vorderen Telelever und dem hinteren Paralever die wesentlichen Merkmale seiner Vorgänger erhalten.

Die elektronische Fahrwerkseinstellung Dynamic ESA war ebenfalls wieder erhältlich, natürlich in einer überarbeiteten Version.

Eines der Hauptziele bei der Entwicklung des neuen Motorrads war ein besseres Handling auf und abseits der Straße. Dementsprechend war auch das Fahrwerk völlig neu, es folgte jedoch eindeutig der alten GS-Tradition.

Während der Rahmen der bisherigen GS aus einem Vorderrahmen zur Aufnahme des Telelevers und einem Heckrahmen mit integrierter Schwingenlagerung bestand, ist bei der neuen GS ein Brückenrahmen aus Stahl mit einem angeschraubten Rahmenheck vorhanden. Geblieben ist die tragende Funktion des Motors, weil dadurch die Steifigkeit und das Gewicht des Motorrads begünstigt werden.

Der Hauptrahmen, der das obere Lenkkopflager des Telelevers und die Schwingenachse des Paralevers aufnimmt, ist äußerst verwindungssteif, was sich positiv auf die Richtungsstabilität und Lenkpräzision auswirkt.

An der Fahrwerksgeometrie wurde nur wenig verändert. Der Lenkkopfwinkel ist mit 64,5° etwas größer, während der Nachlauf von 101 auf 99,6 mm verkürzt wurde. Der Radstand blieb mit 1507 mm identisch, die Länge der Hinterradschwinge wuchs dagegen beträchtlich von 535,6 auf 588 mm. Damit verbesserte sich die Traktion und in der Folge der Vortrieb, was besonders im Gelände oder auf losem Untergrund bemerkbar war.

Wie zuvor war die aus geschmiedetem Aluminium hergestellte Dreiecksschwinge des Telelevers im Motorgehäuse geführt. Der Durchmesser der Standrohre wurde von 41 auf 37 mm verringert, wodurch trotz der hinzugekommenen Kühler der bisherige Lenkeinschlagwinkel von 42° beibehalten werden konnte.

Der neue EVO Paralever bot durch seine neue Form im Bereich der unteren Federbeinaufnahme einen besseren Schutz gegen Beschädigungen bei Geländefahrten. Trotz der deutlich größeren Länge des Schwingenarms verschlechterte sich die Torsionssteifigkeit des Bauteils nicht.

Mit 190 mm vorn und 200 mm hinten waren die Federwege mit denen des Vorgängers identisch. Allerdings stieg die Bodenfreiheit um 8 mm auf 195 mm. Die Zugstufendämpfung des hinteren Federbeins ließ sich zwölffach verstellen und die Federbasis mittels eines Handrads hydraulisch anheben oder absenken.

Sogar die Räder und die Reifen waren neu und in Zusammenarbeit mit bekannten Reifenherstellern neu berechnet worden. Daraus resultierte ein neuer Vorderradreifen, erstmals für eine große Enduro in der Dimension 120/70 R 19 (anstelle des bisherigen 110/80 x 19), der auf ein neues, leichtes und breiteres (3 Zoll statt 2,5 Zoll) Zehnspeichen-Aluminiumgussrad aufgezogen war. Der Hauptvorteil war eine größere Reifenaufstandsfläche, die für mehr Grip sorgte. Auch der Hinterreifen war neu – jetzt in der Größe

Das Vorderrad wird weiterhin über einen Telelever geführt und gefedert. Allerdings ist der Durchmesser der Standrohre (oberes Bauteil des Gabelholms) von 41 mm auf 37 mm verringert, um den gleichen Lenkeinschlagwinkel beibehalten zu können.

Der neue „EVO Paralever" ist unter anderem im Bereich der Federbeinaufnahme verstärkt.

Auch der Hauptscheinwerfer der neuen GS war bahnbrechend. Die neue Halogenausführung ist deutlich kleiner und trotzdem leuchtstarker als zuvor. Der optional erhältliche LED-Scheinwerfer war der weltweit erste für ein Motorrad.

170/60 R17 (anstelle 150/70 R 17), auch wieder auf einem breiteren Leichtmetallrad.

Wie zuvor waren Kreuzspeichenräder wieder als Sonderausstattung erhältlich, die von den Dimensionen her mit den Gussrädern identisch waren.

Die Bremsanlage erfuhr ebenfalls eine Überarbeitung. Am Vorderrad sitzen nun radial befestigte Monobloc-Bremszangen von Brembo mit einem einheitlichen Bremskolbendurchmesser von 32 mm (zuvor 34 und 36 mm). Passend dazu verringerte sich der Durchmesser des Handbremszylinders von 16 auf 15 mm, der Bremsscheibendurchmesser blieb mit 305 mm unverändert. Die hintere Einscheibenbremse verfügt weiterhin über einen Doppelkolben-Schwimmsattel mit 28 mm Kolbendurchmesser. Hier wurde allerdings der Bremsscheibendurchmesser von 265 auf 276 mm vergrößert. Das BMW Integral-ABS gehörte mittlerweile zur Serienausrüstung.

WEITERE NEUERUNGEN

Deutlich kleiner, dafür wesentlich leuchtstarker zeigte sich der neue Halogenscheinwerfer. Den LED-Scheinwerfer mit Tagfahrlicht gab es als Sonderausstattung. Damit war die

In der neuen Instrumentenkombination vereinigen sich analoge und digitale Anzeigen, ein Bordcomputer gehört jetzt zur Serienausstattung.

Von der K 1600 GT stammt der Multicontroller am linken Lenkerende. Bei der Umgestaltung der Kombischalter kehrte BMW auch zum „normalen" Blinkerschalter zurück, sehr zum Leidwesen der eingefleischten BMW-Fahrer, die der bisherigen Drei-Schalter-Lösung den Vorzug gaben.

Der rechte Kombischalter ist dagegen einfacher ausgeführt und deutlich verkleinert.

neue GS das weltweit erste Motorrad, das einen Hauptscheinwerfer mit reiner LED-Technologie aufweisen konnte.

Die Instrumentenkombination beinhaltete einen analog anzeigenden Tachometer und Drehzahlmesser, die von elektrischen Schrittmotoren angetrieben wurden sowie ein LCD-Multifunktionsdisplay. Schalter am linken Lenkerende ermöglichen die Navigation im Display-Menü und die Veränderung von Einstellungen.

Der nun serienmäßig vorhandene Bordcomputer bot eine Reihe weiterer hilfreicher Informationen. Zusätzlich war als Sonderausstattung der Bordcomputer Pro erhältlich, der eine Fülle zusätzlicher Funktionen anbot, wie z.B. die Auswahl verschiedener Sprachen oder das automatische Einschalten der Tagfahrleuchte.

Auch die Kombischalter an den Lenkerenden erfuhren eine Aktualisierung. Neu war der hinzugekommene so genannte Multi-Controller, ein Drehschalter am linken Lenkerende, der von der K 1600-Baureihe übernommen wurde. Darüber ließ sich das optionale Navigationssystem bedienen, ohne dass der Fahrer die Hand vom Lenker nehmen musste und daher weniger abgelenkt wurde.

Die neue Verkleidung erhielt auch ein neues Windschild, das besseren Wetterschutz bot und die Windgeräusche verringerte. Mittels eines Drehknopfs ließ sich die Scheibe mit einer Hand verstellen.

Verbesserte Einstellmöglichkeiten bot nicht nur der Fahrersitz, dessen Neigung nun verändert werden konnte, sondern auch der Soziussitz war in Längsrichtung verschiebbar. Zusätzlich ließ sich der Lenker nach oben drehen. Für das

Über einen Drehknopf kann das Windschild mit einer Hand verstellt werden.

Stehend-Fahren im Gelände gab es für die Fahrerknie besondere Aussparungen im Tankbereich, die sich auch beim Sitzen positiv bemerkbar machten. Das i-Tüpfelchen bei den Einstellmöglichkeiten bildeten der optional erhältliche extra hohe bzw. tiefe Fahrersitz sowie einstellbare Fußhebel.

Erweitert wurde auch die Einstellbarkeit der Sitze. Der Fahrersitz ist nun auch in der Neigung verstellbar, während der Soziussitz in Längsrichtung verschoben werden kann.

Hinter dem Soziussitz ist wieder ein praktischer und stabiler Gepäckträger mit Haltegriffen angebracht.

Starker Auftritt: Das Styling sollte kraftvoll und robust wirken, aber gleichzeitig auch die neue Leichtigkeit und das höhere Leistungspotenzial vermitteln.

STYLING

Das Leitmotiv bei der Neugestaltung der GS war, die starke und robuste Wirkung zu bewahren und das Design zukunftsorientiert auszurichten. Gleichzeitig sollte das Erscheinungsbild die neue Leichtigkeit und erhöhte Leistungsfähigkeit widerspiegeln. Daraus resultierte, dass die charakteristische Kontur der GS nun noch dynamischer von vorne nach hinten verlief – beginnend beim Spritzschutz über dem Vorderrad, nach oben über den Tank verlaufend, von dort nach unten auf den tieferen Sitz und wieder zum verlängerten Heck ansteigend. Das Ziel war, das bekannte Aussehen der GS zu bewahren, ihr dabei aber neuen Schwung zu verleihen.

Durch eine höhere Oberflächenqualität sollte ein wertigerer Eindruck entstehen, während sichtbare Konstruktionsteile wie die obere Gabelbrücke oder die Achsaufnahmen an den goldeloxierten Gabelholmen den technologischen Anspruch des Motorrads bekräftigen. Zusätzlich wurde viel Augenmerk auf die Details gelegt. So hatten zum Beispiel die Verkleidungsschrauben einen eingravierten BMW-Schriftzug und auch der Zündschlüssel hatte ein hochqualitatives Gehäuse mit einem kleinen BMW Emblem.

Um das Erscheinungsbild dynamischer zu gestalten, zog die Frontpartie das Auge des Betrachters auf sich, während das Mittelteil und das Heck deutlich schlanker und leichter wirkten. Der neue Hauptscheinwerfer blieb dem typischen asymmetrischen GS-Konzept treu, aber die beiden Leuchten rückten näher zusammen, um die technische Modernisierung des Motorrads zu verdeutlichen. Der neu gezeichnete „Schnabel" war jetzt eckiger ausgeführt und hatte klare Abschlusskanten.

Schließlich erhielt auch das GS-Logo eine Überarbeitung. Jahrelang wurde es mit einer typischen Schablonenschrift dargestellt, mit vollen Buchstaben und Zahlen sowie einer vertikalen Unterbrechung. Eine neue horizontale Unterbrechung soll zusätzliche Dynamik verleihen.

VORSTELLUNG UND PRESSEREAKTIONEN

Das neue Motorrad wurde im Oktober 2012 auf der Kölner Intermot (ehemals IFMA) der Öffentlichkeit präsentiert und im Januar des folgenden Jahres erhielt die Presse in Südafrika die Gelegenheit, es näher kennenzulernen.

Die neueste GS-Schöpfung war zweifellos ein Erfolg.

Bis zum endgültigen Aussehen vergehen im Designstudio viele Stunden mit Detailarbeit.

Durch den neuen Scheinwerfer wirkte die Frontpartie deutlich kompakter als zuvor und bewahrte trotzdem das „Gesicht" der Vorgänger.

Schon in den ersten Testberichten der Fachzeitschriften bestätigte es wieder seine Führungsrolle in der heiß umkämpften Klasse der Reiseenduros. Bei den Vergleichstests gegen die neuesten Mitbewerber von KTM und Aprilia belegte die neue GS wieder ausnahmslos den ersten Platz. Ohne Frage war es eine beachtliche Leistung für den „Urvater" der Abenteuerreisen und die Presse stimmte pflichtbewusst ihre Lobgesänge an:

Für die R 1200 GS konnte ich mich erst begeistern, nachdem sie durch die umfassende Überarbeitung in 2004 so geniale Fahreigenschaften hatte. Ständige Verbesserungen und die Einführung zweckmäßiger elektronischer Systeme, die selbst regelmäßig einen Riesenentwicklungsschritt machten, haben gemeinsam mit umfassenden Detailveränderungen über die Jahre diese wirklich beeindruckende Maschine geformt, mit der sich alle Straßen und Wege bezwingen lassen. Die ausschlaggebende Neuerung, die in mir dieses „Haben-Will-Gefühl" weckte, war die Einführung des DOHC-Zylinderkopfs in der letzten Evolutionsstufe des luft-/ölgekühlten Boxers.
Das verlieh dem Motor das letzte Quäntchen Leistungsschub, den ich immer an diesem Motorrad vermisste, um wirklich alle Schandtaten begehen zu können. Es war das letzte Puzzlestück, um aus der GS das perfekte Alles-Könner-Motorrad zu machen.
Für 2013 hat BMW all diese fein bearbeiteten und zusammengefügten Teile beiseite gelegt und durch neue ersetzt. Fast jedes Bauteil ist geändert und doch fühlt sich alles unverwechselbar nach GS an, nur eben besser.

Australian Motorcycle News

Nachdem das Publikum der Kölner Intermot die neue GS bestaunen konnte (wie damals bei der Vorstellung der Ur-R 80 G/S), erhielt die Weltpresse im Januar 2013 in Südafrika Gelegenheit, sie näher zu betrachten.

Erste, noch getarnte Prototypen der neuen GS wurden bereits 2011 gesichtet.

Mit 125 PS war die neue R 1200 GS absolut konkurrenzfähig und leistungsmäßig mit den stärksten Rivalen auf Augenhöhe.

Die Leistungscharakteristik und Spitzenleistung der neuen GS waren zweifellos ein Quantensprung, aber darüber hinaus hatte sie noch einiges mehr zu bieten.

Für das Modelljahr 2013 erhielt die legendäre GS (sie begründete 1980 die Klasse der Abenteuer-Motorräder und wurde das weltweit meistverkaufte Motorrad von BMW) ihre bisher größte Umgestaltung. Fast jedes Bauteil wurde geändert – sie ist leistungsstärker dank eines teilweise flüssigkeitsgekühlten Motors und vollgestopft mit den neuesten Technologien und Fahrerassistenzsystemen.

Das Ergebnis hat die jetzt schon ihre Klasse anführende GS in fast jeder Hinsicht verbessert. Der Motor hat über den gesamten Drehzahlbereich messbar zugelegt, behielt aber trotzdem seinen Boxer-Charakter. Alles schaut klarer und gefälliger aus, sie ist komfortabler und kultivierter und fährt sich noch schöner.

Motorcylce News (GB)

Die Basis-GS war lange Zeit das beliebteste Abenteuer-Motorrad in den USA. Die neueste Version steigert nur unsere Bewunderung. Eingefleischte Boxer-Jünger werden sich nicht mit der 2013 eingeführten Flüssigkeitskühlung anfreunden können, aber BMW hat hervorragende Arbeit beim Weiterentwickeln der GS geleistet, dem erfolgreichsten Modell der Firmengeschichte. In den letzten Jahren tauchten mehr und mehr ernsthafte Herausforderer auf, die der GS die Führungsrolle in der Enduro-Klasse streitig machten. Nutznießer davon waren die Kunden. Sie wussten deren lobenswerte Anstrengungen, die zuvor von BMW gesetzte Messlatte zu überwinden, sehr zu schätzen.

Jetzt ist die 2013er R 1200 GS wieder ganz vorne mit dabei. Der deutsche Hersteller hat seinen Bestseller so perfekt überarbeitet, dass er erneut an der Spitze der Enduro-Klasse steht. Er ist stärker, schneller, eleganter und flinker – aber hat den GS-Charakter bewahrt. Die BMW Ingenieure haben ihre Sache gut gemacht.

Motorcycle (USA)

Die neue 2013er R 1200 GS ist einfacher zu fahren und vielseitiger denn je. Beim Fahren auf dem Asphalt ist sie ein vollwertiges Straßenmotorrad. Sieht man einen Feldweg, biegt man einfach ab. Diese befreiende Erfahrung führt definitiv öfter ins Gelände und vielleicht auch zu anspruchsvollerem Einsatz. Sie fährt so, wie der Fahrer sie fährt, um es mit den Worten der Autofahrer zu sagen. Mit dem entsprechenden fahrerischen Geschick gelangt man mit der GS an Orte, die man nur mit ganz wenigen Motorrädern erreicht. Das Angebot im Segment der Abenteuer-Motorräder ist mittlerweile groß, aber die große GS bleibt eine verlockende Wahl.

Cycle World (USA)

Die neue R 1200 GS hat ein noch geschmeidigeres und dabei direkteres Handling als ihre Vorgänger und bewahrte trotzdem ihre Annehmlichkeiten und die Zweckdienlichkeit.

Auch das Zubehör und die Sonderausstattungen machten hinsichtlich Verfeinerung und Raffinesse einen gewaltigen Schritt nach vorne.

Der König ist tot. Lang lebe der König.

TECHNISCHE MERKMALE DER NEUEN R 1200 GS AUF EINEN BLICK

- Völlig neuer, semi-flüssigkeitsgekühlter Boxer-Motor, Paralever links angeordnet
- Frei wählbare Fahrmodi: Rain, Road, Dynamic, Enduro und Enduro Pro
- Überarbeiteter Telelever vorn und EVO-Paralever hinten
- Neue Rad/ Reifendimensionen; vorn 120/70 R 19, hinten 170/60 R 17
- Aufgewertetes Bremssystem mit radial montierten vorderen Monobloc-Bremszangen von Brembo
- LED-Hauptscheinwerfer als Sonderausstattung (weltweit erstmalig)
- Neues einstellbares Windschild
- Neue Instrumentenkombination mit serienmäßigem Bordcomputer

INTERVIEW MIT EDGAR HEINRICH, LEITER VON BMW MOTORRAD DESIGN

Edgar Heinrich leitete zur Zeit der Vorstellung der neuen R 1200 GS das BMW Motorrad Design Team. Allerdings war er nicht während der gesamten Entwicklungsphase dafür verantwortlich, weil er kurz nach dem Startschuss vorübergehend bei Bajaj in Indien arbeitete. Seine Karriere in München begann 1986 und unter seiner Leitung entstanden etliche BMW-Motorräder: die Paris-Dakar Werksmaschinen, die K 1200 S und R 1200 S, die Enduro HP2, die R 1150 GS und R 1200 GS sowie die S 1000 RR.

Sie hatten die Ehre, die neue R 1200 GS mit zu enthüllen, deren Entwicklung kurz vor Ihrem Weggang nach Indien begonnen wurde und die gerade fertiggestellt war, als sie zurückkehrten. Waren Sie zufrieden wie gut sie gelungen war?
HEINRICH: Ja, sehr zufrieden, aber nicht überrascht. Ich war sehr erleichtert über die Reaktionen der Journalisten zur GS, als wir sie auf der Intermot vorstellten. Die anfängliche Pressemeinung war durchweg positiv, ohne irgendeinen negativen Kommentar. Die Tatsache, dass alle das Motorrad gut fanden, war ein großartiger „Neustart" für mich.

Ist es für Sie immer einfach, so weit im Voraus zu arbeiten und zukünftige Trends vorherzusagen oder sogar einzuleiten?
HEINRICH: Im Design-Bereich treten Sie durch ein „Zeitloch" in eine andere Welt, in eine zukünftige Welt ein und bleiben dort. Da Sie so viele Jahre voraus arbeiten, scheint es lange zu dauern, bis ein neues Motorrad vorgestellt wird. Wenn aber ihr Baby in den Markt eingeführt wird und Sie damit Leute auf der Straße fahren sehen, ist es ein unvergleichliches Gefühl! Es ist vielleicht ein bisschen wie das Leben in einer Parallelwelt. Eine andere Sache ist, dass Designer nicht lange mit etwas zufrieden sind. Sie entwerfen etwas, aber sobald es fertig ist, denken sie schon darüber nach, was man beim folgenden Modell besser machen könnte.

Wie schwierig ist es bei einem Motorrad wie der GS das Design zu modernisieren, ohne „Traditionalisten" zu verprellen?
HEINRICH: Diese Weiterentwicklung ist ein Balanceakt. Man möchte die vorhandenen GS-Kunden nicht verstimmen, aber als Designer will man immer etwas Neues schaffen. Andererseits gibt es Bedenken, weil das existierende Modell so erfolgreich ist. Aber wir müssen und wir wollen es auffrischen, wie weit können wir also gehen? Wie weit trauen Sie sich? Das Gute daran ist, dass viele aus dem Team, mich eingeschlossen, GS-Fahrer sind und es auch leben; daher wissen sie, was in einem Motorrad wie diesem stecken muss. Bei der neuen R 1200 GS ist das perfekt herausgearbeitet. Für uns war es sehr wichtig, daraus eine typische GS zu machen.
Eine GS die all ihren Genen, der typischen GS-Erscheinung und -Bauart treu bleibt, aber alles neu und dynamisch interpretiert.

Edgar Heinrich, der David Robb als Leiter von BMW Motorrad Design nachfolgte.

An welchen BMW-Motorrädern haben sie in all den Jahren am liebsten gearbeitet?
HEINRICH: Jede BMW ist besonders und bereitet Freude bei der Realisierung. Ich arbeitete gerne an den Werks-Dakar-Motorrädern, vielleicht weil der Geländesport damals eine Leidenschaft von mir war und sie wirklich die Essenz von dem waren, was GS für mich bedeutete. Ein sehr interessantes Motorrad für mich war jedoch auch die K 1200 R. Diese Maschine war weder logisch noch gab es dafür plausible Gründe und sie war damals sicherlich keine typische BMW. Aber wir schafften es, auch wenn es ein wenig verrückt war und das gefiel mir ...

Auch privat beanspruchen Motorräder einen großen Teil Ihrer Freizeit. Entspannt es Sie, wenn Sie sich mit alten Motorrädern beschäftigen?
HEINRICH: Ja, auf alle Fälle. Ich restauriere gerne Motorräder und baue sie auch um, sogar alte BMWs. In Deutschland ist das weniger üblich, weil die meisten Leute glauben, dass alte Motorräder serienmäßig bleiben sollten. Aber ich habe alle meine alten BMWs umgebaut. Ein Motorrad, dass ich vollständig original erhalten habe, ist eine Honda CB500. Sie ist eine Motorradikone aus meiner Jugend, daher habe ich sie originalgetreu restauriert. Ich habe eine BMW R 51/3 von 1954, die umgebaut ist. Das war eine Art Inspiration für das Lo-Rider Konzept. Ein persönliches Motorrad zu finden, umzubauen und seine eigene Interpretation hineinzubringen, wie es einige in der Szene machen, finde ich cool, so was mag ich. Meine 58 Jahre alte BMW fuhr ich täglich und diese Motorräder sind sehr zuverlässig, dass kann ich bestätigen ...

Was steht denn derzeit in Ihrer Garage?
HEINRICH: Momentan habe ich sechzehn Motorräder, inklusive einiger restaurierter Maschinen. Kann man jemals genug Motorräder haben? Ich habe eine HP2, eine R 51/3, eine R 24, eine R 100 GS Paris-Dakar, einige Ducatis, eine alte Matchless und eine Enfield aus meiner Zeit in Indien, die zum Scrambler umgebaut ist. Ich entdeckte dort auch eine Vespa von 1961, sehr cool und völlig original. Sogar eine GasGas habe ich, mit der ich Trial fuhr. Und die bereits erwähnte CB500, dazu eine CB550 und eine Honda Dominator, da ich große Einzylinder mag.

Hat Ihr technisches Wissen Ihnen bei Ihrer Design-Karriere geholfen?
HEINRICH: Als Heranwachsender habe ich an meinem Moped herum gefummelt und alle Reparaturen selbst gemacht, weil ich es mir nicht leisten konnte, es in eine Werkstatt zu bringen. Das war der beste Weg zu lernen. Ich hatte immer Spaß daran, mich mit Motorrädern zu beschäftigen und ich behaupte, dass es mir definitiv geholfen hat. Wenn man mit Ingenieuren diskutiert und sie merken, dass man Ahnung hat, kann man gemeinsame Entscheidungen treffen und die gegenseitige Meinung respektieren. Motorräder sind technisch sehr komplex. Viele Technikteile sind von außen sichtbar. Daher müssen unsere Designer in der Lage sein, ein Produkt technisch zu verstehen und zu entwerfen. Sie müssen die Funktion jedes technischen Details kennen und wissen, wie alle diese Details als Ganzes zusammenarbeiten.

Auch wenn er schon lange bei BMW arbeitet, gehören zu Heinrichs eigenem Fuhrpark auch Maschinen von Ducati, Honda, Matchless und weiteren Herstellern.

Was glauben Sie werden die größten Herausforderungen der Zukunft für die Marke sein?
HEINRICH: Es gibt derzeit viele Motorräder, was ein Zeichen der Zeit ist. Aber der Markt ist wirklich global und die eigenen Produkte müssen herausragen. Wir brauchen starke, emotionale Motorräder, die perfekt funktionieren und immer etwas mehr haben. Wir stehen vielen Herausforderungen gegenüber, besonders den neuen Homologationsvorschriften und den Anforderungen für einen umweltfreundlicheren Verkehr. Zweiräder können hier natürlich eine große Rolle spielen und wir als BMW Motorrad möchten ein großer Teil der Lösung sein.

EINE (WEITERE) NEUE ADVENTURE-VERSION

Ein Jahr nach der Vorstellung der völlig überarbeiteten GS stellte BMW auf der EICMA in Mailand ein Motorrad vor, dessen Erscheinen die Spatzen schon länger von den Dächern pfiffen: einen neuen Adventure-Ableger der R 1200 GS.

Dieses Mal steckte jedoch viel mehr in der Weltreise-Variante der berühmten GS als nur ein größerer Tank, längere Federwege, ein wenig Kosmetik und etwas Mehrausstattung. Bei dieser Adventure handelte es sich im Prinzip um ein völlig anderes Motorrad, bei dem sogar der Antrieb geändert war.

Natürlich war der Motor identisch, Aber im Hinblick auf eine bessere Fahrbarkeit, speziell im Gelände, wurde bei der Adventure-Version die Schwungmasse um 950 g erhöht und ein zusätzlicher Schwingungsdämpfer in den Antriebsstrang integriert.

Serienmäßig war an der neuen Adventure das ABS sowie die automatische Stabilitätskontrolle ASC mit zwei Fahrmodi, Rain und Road, vorhanden.

Die offensichtlichste Änderung war wie bei den früheren Modellen der große 30-Liter-Tank (10 Liter mehr als bei der Standard-GS), um eine höhere Reichweite zu ermöglichen. Um Gewicht zu sparen, war dieser aus leichtem Aluminium hergestellt.

Obwohl sie größer und mächtiger war, ließ sich die neue Adventure nicht zuletzt wegen ihres geänderten Motors einfacher als zuvor fahren.

Die neue Adventure des Modelljahres 2014 war bislang die gründlichste Überarbeitung der beliebten Modellreihe.

Wie zuvor erhielten die Radaufhängungen vorne und hinten zusätzliche 20 mm Federweg, um die Geländetauglichkeit zu erhöhen. Mit einher ging eine zusätzliche Bodenfreiheit von 10 mm, während die Lenkgeometrie für eine bessere Handlichkeit modifiziert wurde.

Die überarbeitete, mächtigere und breitere Verkleidung hatte ein größeres Windschild, zusätzliche Windabweiser; dazu waren Handprotektoren vorhanden. Abgerundet wurde das Gesamtpaket durch breitere Endurofußrasten und einstellbare Fußhebel.

Neben den üblichen Enduro-/Touring-Ergänzungen hatte diese neue Adventure erstmals gegenüber der Standard-GS einen geänderten Motor.

TECHNISCHE MERKMALE DER NEUEN ADVENTURE AUF EINEN BLICK

- Mehr Schwungmasse und zusätzlicher Schwingungsdämpfer für weicheren Motorlauf und bessere Fahrbarkeit im Gelände
- Großer 30-Liter-Tank (10 Liter mehr als bei der Standard-GS)
- Zusätzliche 20 mm Federweg vorn und hinten
- 10 mm mehr Bodenfreiheit
- Modifizierte Lenkgeometrie für leichteres Handling
- Geänderte Verkleidung
- ABS, ASC mit zwei Fahrmodi serienmäßig
- Größeres, einstellbares Windschild und Windabweiser
- Breitere Endurofußrasten
- Stabiler Motor- und Tankschutzbügel

SCOTT
ARMADILLO
GAULOISES
Schöffel
GAULOISES
DTS-Design
MICHELIN
GAB
Castrol
JOHN DEACON

KAPITEL 10

Geländesport – und die Paris-Dakar

EINE NEUE RALLYE

Obwohl die BMW GS keineswegs als Wettbewerbsmotorrad konzipiert war, kann kein anderes Serienmotorrad in seiner Geschichte so bedeutende und wiederkehrende Rennerfolge aufweisen. Die GS war keine gewöhnliche Maschine und die größten Erfolge errang sie auch nicht bei gewöhnlichen Wettbewerben. Sie erkämpfte sich ihren Platz bei der härtesten Langstreckenveranstaltung im Enduro-Sport: der weltberühmten Rallye Paris-Dakar.

Sie wurde erstmals 1979 ausgetragen und war eine Idee des französischen Visionärs Thierry Sabine. Dieser war ein Jahr zuvor bei der Rallye Abidjan-Nizza in der Ténéré-Wüste einige Zeit verschollen und kam daraufhin zu der Erkenntnis, dass diese Wüste ein guter Austragungsort für eine Rallye wäre. An der Auftaktveranstaltung nahmen (einschließlich der Motorräder) 182 Fahrzeuge teil, von denen 74 die 10.000 km von Paris nach Dakar, der senegalesischen Hauptstadt, überstanden. Cyril Neveu, ein Yamaha XT500-Fahrer, war der erste Sieger bei den Motorradfahrern.

Das Gelände war sehr anspruchsvoll und die Bedingungen waren nicht nur durch die langen Wüstenabschnitte extrem. Die Tagesetappen konnten über 900 km lang sein, die zurückgelegte Gesamtdistanz betrug ca. 10.000 km. Die „Dakar“, wie sie heute bezeichnet wird, hatte schnell den Ruf als die härteste Veranstaltung im Geländesport. Seit 2009 wird sie aus Sicherheitsgründen in Südamerika veranstaltet und ist offen für professionelle Teams und Amateure.

Die Paris-Dakar passte bestens zur neuen BMW G/S. Schließlich war sie eine neue, publikumswirksame Veranstaltung, der weltweite Medienaufmerksamkeit zuteil wurde. Und sie begünstigte standfeste, großvolumige Geländemotorräder, deren Höchstgeschwindigkeit wichtiger war als Wendigkeit. Sie war auch eine ideale Bühne, um die Geländetauglichkeit der GS-Modelle beweisen zu können.

GEGENÜBERLIEGENDE SEITE: Der verstorbene John Deacon auf einer Werks-R 900 RR während der Dakar 2001. Kein anderer Zweiradhersteller kann auf eine vergleichbare Geschichte bei dieser Marathonrallye zurückblicken wie BMW.

Allerdings musste sich die Paris-Dakar erst einmal selbst finden. Das erste Veranstaltungsjahr war 1979, ein Jahr vor dem Debüt der G/S. Das Ereignis selbst war relativ unbekannt und so ist es vielleicht nicht überraschend, dass nur ein BMW-Fahrer mitfuhr. Der französische Schauspieler Jean-Claude Morellet, besser unter seinem Pseudonym „Fenouil“ bekannt, nahm als Privatmann mit einer Maschine teil, die auf einer BMW R 80 basierte und von der deutschen Enduro-Legende Herbert Schek aufgebaut worden war. Im Prinzip war es eine ISDE GS800 mit einem größeren Langstreckentank. Diese 800 Kubik-Maschinen wogen nur 160 kg und die erzeugten 55 PS reichten aus, um auf geraden Geländestrecken mit 160 km/h unterwegs zu sein.

DAS BMW-ENGAGEMENT

Im folgenden Jahr 1980, in dem zufällig auch die neue G/S vorgestellt wurde, beteiligte sich BMW erstmals bei der Dakar mit einem offiziellen Werksteam und zwei von HPN vorbereiteten Motorrädern. Gefahren wurde dabei unter den Farben von BMW France.

Dieses Mal gesellte sich Hubert Auriol zu „Fenouil“ und Schek und nach elf Etappen lag Auriol in Führung vor dem restlichen Teilnehmerfeld von 40 Motorrädern, das von der Yamaha XT500 beherrscht wurde. Nach der zwölften Etappe wurde Auriol jedoch disqualifiziert, weil er Hilfe von außen in Anspruch genommen hatte. „Fenouil“ blieb weiter im Rennen und wurde schließlich Fünfter.

Unverdrossen kehrte das BMW-Werksteam 1981 zurück und war entschlossener denn je. Die Motorräder waren wieder von HPN in Seibersdorf vorbereitet worden, aber dieses Mal lag der Fokus nicht auf der Spitzenleistung, sondern auf Drehmoment und Zuverlässigkeit. Die Rahmen waren verbessert und verstärkt und der Kraftstofftank aus Stahl fasste nun 42 Liter.

Vorne baute HPN eine Maico-Teleskopgabel mit 270 mm Federweg ein, während sich die verlängerte Hinterradschwinge über zwei White-Power-Federbeine abstützte. Das Team wurde mit einem Sieg von Auriol belohnt, der über drei

LINKS: Bereits im zweiten Jahr der offiziellen Werksteilnahme gewann die GS die Dakar. Der Franzose Hubert Auriol kam mit unglaublichen drei Stunden Vorsprung vor den Verfolgern ins Ziel.

Stunden Vorsprung vor seinem nächsten Verfolger herausgefahren hatte. „Fenouil" erreichte den vierten Rang. 1982 hatte der Technikteufel die Oberhand, aber 1983 konnte sich BMW wieder den Gesamtsieg an die Fahne heften. Herbert Schek hatte den Hubraum auf 980 cm³ und damit die Leistung auf 70 PS erhöht und Hubert Auriol stürmte seinem zweiten Dakar-Sieg auf einer Werks-BMW entgegen. Danach setzte der Franzose seinen Erfolg fort mit einem Sieg bei der Baja California.

Doch in diesem Jahr war da auch noch der kleine Belgier Gaston Rahier, der als Privatfahrer erstmals an der Rallye teilnahm. Der ehemalige Moto-Cross-Weltmeister sollte eine Paris-Dakar Legende werden. Ungläubiges Staunen der Zuschauer begleitete den nur 1,64 m großen Fahrer, wenn er sein riesiges Motorrad erklomm. Dazu hatte Rahier ein spezielle Technik entwickelt: Neben dem Motorrad stehend legte er den ersten Gang ein und stieg beim Losfahren auf den linken Zylinder. Kurz vor dem Einlegen des zweiten Gangs schwang er sich über die Sitzbank und war ab da für seine Konkurrenten nahezu uneinholbar.

Sein verwegener Fahrstil sorgte für Schlagzeilen, aber kurz vor dem Ziel fiel Rahier wegen technischer Probleme aus. Aber er hatte für genug Aufmerksamkeit gesorgt und BMW bot ihm für 1984 einen Werksvertrag an.

Auriols Erfolg glich einem Erdbeben im Motorsport und sorgte für weltweite Schlagzeilen. Diese Aufmerksamkeit konnte dem Ruf der GS nur dienlich sein.

Auriol siegte auch 1983, dieses Mal mit einer 1000-cm³-Version der G/S.

Sein Rennerfolg in diesem Jahr sollte sich aber im folgenden Jahr nicht wiederholen.

1984 gehörte der Belgier Gaston Rahier, ehemaliger Moto-Cross Weltmeister, dem BMW-Werksteam an.

Rahiers verwegener Fahrstil machte ihn über Nacht zum Dakar-Favoriten.

Auriol kam hinter Rahier auf den zweiten Rang und verließ unmittelbar nach dem Rennen das Werksteam.

Für 1984 wurden die Motorräder wieder überarbeitet. HPN baute eine völlig neue Maschine mit einem mächtigen 45-Liter-Tank aus Kevlar über einem auf 1015 cm³ aufgebohrten und frisierten Motor von Schek. Selbst BMW hätte nicht im Traum daran gedacht, welchen Erfolg die Motorräder einfahren würden, die jetzt mit Penthouse-Werbung versehen waren. Rahier gewann knapp vor Auriol nach einem aufregenden Kopf-an-Kopf Rennen und Loiseaux wurde Fünfter. Dieser Erfolg gab den Anlass für das erste Sondermodell der R 80 G/S mit dem Namen „Dakar".

Nach dem Rennen verließ Auriol BMW und Eddy Hau nahm seinen Platz als zweiter Fahrer in der Mannschaft ein. Hau war auf Anhieb erfolgreich und wurde bei der Pharaonen Rallye später im Jahr zweiter hinter Rahier. Bei der Dakar 1985 traten nun Marlboro und Playboy als Sponsoren auf und Rahier wiederholte seinen Erfolg vom vorigen Jahr. Sein ehemaliger Teamkollege Auriol, der jetzt für Cagiva fuhr, belegte weit hinter ihm den zweiten Platz.

Wieder einmal war die Maschine von 1985 nahezu komplett überarbeitet. HPN verwendete für das trocken 170 kg wiegende Motorrad einen nahezu serienmäßigen 980-cm³-Motor mit 70 PS. Allerdings betrug der Tankinhalt nun 60 Liter – vollgetankt wog das Monstrum 230 kg. Mit einem Rahier im Sattel waren damit in der Wüste über 200 km/h möglich, schnell genug um problemlos etliche Rallyeautos zu überholen.

Aber kurz vor Rallyebeginn stand die Teilnahme auf der Kippe. Rahier hatte während einer PR-Veranstaltung einen Unfall, bei dem der Rahmen seines Motorrads schwer beschädigt wurde. Da keine Zeit zur Instandsetzung war, wollte das Team sich zurückziehen, aber Rahier weigerte sich hartnäckig. Trotz seines verzogenen Rahmens gewann Rahier eine Etappe nach der anderen, während seine Mechaniker bis spät in die Nacht arbeiteten, um die Maschine am Laufen zu halten. Im Ziel war Rahier völlig am Ende seiner Kräfte, aber dieses Husarenstück gehört zu den besten Leistungen, die je bei einer Dakar vollbracht wurden. Seine Teamkollegen Hau und Loizeaux gaben unterdessen schon auf, noch bevor sie die Wüste erreicht hatten.

Natürlich war Rahier auch 1986 wieder der heiße Favorit. Optisch schien das wieder von HPN vorbereitete Motorrad unverändert, außer dem Branding der neuen Sponsoren Marlboro und Elf. Jedoch war der Hubraum auf 1030 cm³ erhöht worden und die Leistung lag jetzt bei 80 PS – der stärkste Dakar-Boxer bisher. Nur reichten diese Änderungen nicht aus, um die eigens von Hondas Rennabteilung HRC gebaute neue NXR 750 mit Gilles Lalay im Sattel vom Sieg abzuhalten. (Dieses Motorrad legte den Grundstein für die spätere Produktion der Africa Twin-Modelle von Honda.)

Nach einem Sturz bei hoher Geschwindigkeit beendete Rahier die Rallye auf dem 14. Platz, sechs Plätze hinter Hau und acht vor Loizeaux.

1984 dominierten Auriol und Rahier.

Gegen die neue Honda NXR 750 mit Gilles Lalay hatte Rahier 1986 keine Chance.

Die von HPN entwickelte GS für die Rallye 1986 war mit 1030 cm^3 Hubraum und 80 PS Leistung die bis dahin größte und stärkste Dakar-GS.

Die Dakar 1987 war für viele Jahre die letzte mit einer Werksteilnahme von BMW. Allerdings verabschiedete sich BMW mit einem Donnerschlag.

HPN legte noch einmal nach und baute ein Motorrad mit einer Upside-Down-Gabel von White Power, zwei Kraftstofftanks (ein zusätzlicher Tank befand sich unter der Sitzbank) und einem nochmals überarbeiteten Motor mit 1040 cm^3 Hubraum und 85 PS. Da mit dem Paralever die erforderlichen Federwege nicht möglich waren, war eine normale Schwinge mit zwei Federbeinen vorgesehen.

Leider erwiesen sich die neuen Motorräder als weniger zuverlässig. Rahier war zwar schnell, aber nicht schnell genug, um Cyril Neveu auf der Werks-Honda Paroli zu bieten. Sein ehemaliger Teamkollege Auriol erreichte mit seiner Cagiva den zweiten Platz. Aber ein dritter Platz war auch keine Schande. Der tragische Tod von Thierry Sabine, des Dakar-Erfinders und der treibenden Kraft hinter der Rallye, bei einem Helikopterabsturz trug zusätzlich dazu bei, dass sich das BMW-Team von der Rallye-Teilnahme zurückzog.

BMW KEHRT ZUR DAKAR ZURÜCK

Nach über einem Jahrzehnt Abwesenheit schickte BMW 1998 wieder ein Werksteam zur Paris-Dakar, die jetzt von dem früheren BMW-Fahrer Hubert Auriol organisiert wurde. Allerdings gab es einen wesentlichen Unterschied: Dieses Mal waren es vier Werksfahrer, die aber nicht mit einem großen Boxer teilnahmen, sondern mit einem Einzylinder-Motorrad, das auf dem Serienmodell F 650 basierte. Es war noch kein Erfolg. Der beste Fahrer beendete das Rennen auf Platz 35.

Im folgenden Jahr war das kleine BMW-Team besser vorbereitet und konnte dieses Mal, wieder mit vier Werksfahrern, den damaligen Erzrivalen KTM besiegen. Das österreichische Unternehmen mit seinen orangefarbenen Maschinen unterstützte mit einem Riesenaufwand 75 Fahrer. Richard Sainct, der erst ab 1999 der Mannschaft angehörte, gewann auf einer überarbeiteten BMW F 650 RR und trat damit in die Fußstapfen von Auriol und Rahier.

1987 hatte sich das BMW-Team auch wegen des Todes von Dakar-Organisator Thierry Sabine zurückgezogen. 1998 kehrte das Unternehmen zur Dakar zurück und nahm 2000 mit einem völlig neuen Boxer-Modell daran teil.

2001 kehrten die Boxer zur Dakar zurück. Gefahren wurden sie von dem Amerikaner Jimmy Lewis und dem hier abgebildeten Briten John Deacon.

Noch bedeutender für die GS-Fans waren die Ereignisse im folgenden Jahr. Um den Titel im Jahr 2000 zu verteidigen, schickte das Werk sechs Motorräder an den Start. Zu den vier Einzylinder F 650 RR gesellten sich zwei völlig neue Boxer-Modelle, fünfzehn Jahre nach dem letzten Sieg von Gaston Rahier.

Wieder waren die Spezialisten von HPN für die neuen Motorräder verantwortlich, die nun als R 900 RR bezeichnet wurden. Aus Reglementsgründen war der Hubraum auf 900 cm^3 zurückgenommen worden (die damalige Serien-GS hatte 1150 cm^3), dennoch lag die Leistung noch bei 90 PS.

Auch der Streckenverlauf war geändert worden. Nach dem Start in Dakar führte er nach Osten zu den Pyramiden bei Kairo. Und wieder triumphierte BMW. Richard Sainct wiederholte seine Erfolg vom Vorjahr, gefolgt von Oscar Gallardo, Jimmy Lewis (mit dem ersten Boxer-Motorrad) und Jean Brucy.

Angespornt von diesem Erfolg meldete BMW für die Rallye 2001 ein Werksteam mit zwei R 900 RR Boxer-Motorrädern, die von Jimmy Lewis und dem Briten John Deacon gefahren wurden. Aber dieses Mal konnten die übermächtigen Werks-KTMs nicht bezwungen werden. Deacon plat-

DIE GS UND DIE DAKAR – EINE ZEITTAFEL

1979 Cyril Neveu gewinnt die erste Rallye Paris-Dakar auf eine Yamaha XT500. Die einzige teilnehmende BMW wurde privat eingesetzt.

1980 BMW France meldet zwei Werks-BMW. Huber Auriol wird in Führung liegend nach der Hälfte des Rennens disqualifiziert. Sein Teamkollege „Fenouil" wird Fünfter.

1981 Unmittelbar nach der Vorstellung der ersten R 80 G/S gewinnt Hubert Auriol auf einer Werks-BMW mit über drei Stunden Vorsprung.

1982 Alle vier Werksmaschinen fallen mit Getriebeproblemen aus.

1983 Auriol gewinnt wieder; seine GS hat 980 cm^3 und leistet 70 PS.

1984 Der Belgier Gaston Rahier siegt vor Auriol; das erste Paris-Dakar-Sondermodell entsteht.

1985 Erneuter Sieg für Rahier.

1986 Der Sieg geht an Honda und die neue NXR750. Rahier wird Vierzehnter.

1987 Rahier erreicht den dritten Platz; BMW verkündet seinen Rückzug.

1998 BMW tritt wieder an; die Motorräder basieren auf der Serienmaschine F 650 mit Einzylindermotor.

1999 Sainct gewinnt mit einer BMW F 650 RR.

2000 Werkseinsatz mit sechs Motorrädern, davon zwei R 900 RR Boxermodelle. Sainct siegt vor drei weiteren BMW-Fahrern; Jimmy Lewis erreicht mit einem Boxer Platz 3.

2001 John Deacon wird Sechster, Lewis Siebter. BMW zieht sich von den Wüstenrennen zurück.

John Deacon erreichte bei der Dakar 2001 den sechsten Rang, ein Platz vor Jimmy Lewis. Im August desselben Jahres verunglückte er bei der Masters Rallye tödlich.

Obwohl er keinen Sieg bei der Dakar einfahren konnte, spielte der Brite John Deacon eine wichtige Rolle in der Rallye-Geschichte der GS.

zierte sich an sechster Stelle, gefolgt von Lewis. Im August des selben Jahres kam Deacon in tragischer Weise bei einem Unfall während der Masters Rallye zwischen Frankreich und Jordanien ums Leben. Unter dem Eindruck dieser Tragödie entschloss sich BMW, zukünftig Wüstenrennen fernzubleiben und konzentrierte sich mit dem „Boxer-Cup" auf den Straßenrennsport. Seit 2005 dürfen Zweizylinder-Motorräder bei der Dakar nicht mehr teilnehmen.

DIE ULTIMATIVE GS – DIE R 900 RR VON 2000

Ende 1998 beschloss das BMW-Management, mit den Boxer-GS wieder in den Rallye-Sport einzusteigen. Für die Vorbereitung der Motorräder wurde wieder HPN auserkoren, mit denen sie schon in den 1980er Jahren sehr erfolgreich zusammen gearbeitet hatten. Die klassische Optik der Maschinen blieb mehr oder weniger erhalten, Hauptziele waren eine ausgewogene Gewichtsverteilung und höchste Dauerbelastbarkeit im Gelände.

Im April 1999 bestritt der erste Prototyp die Tunesien-Rallye und obwohl es dabei nur zum 35. Platz reichte, war es offensichtlich, dass in dem Projekt enormes Potenzial steckte. Im Sommer 1999 wurde das Motorrad umfangreich überarbeitet, die Gewichtsverteilung weiter verbessert und die ungefederten Massen des Hinterradantriebs und der Hinterradaufhängung verringert. Ein weiterer Testeinsatz war die Dubai-Rallye im November 1999 mit dem Debüt des britischen Fahrers John Deacon, der damit einen respektablen vierten Platz erreichte.

Aus Reglementgründen hatte das Motorrad nun 900 cm³, aber für Motorenspezialist Helmut Mader war es dennoch kein Problem, die BMW-Zielvorgabe von 90 PS bei 8200 U/min zu erfüllen.

Die Vorderradaufhängung erfolgte über eine mächtige WP-Gabel mit 48 mm Gleitrohrdurchmesser und 300 mm Federweg. An der Hinterradaufhängung arbeitete ein Einzelfederbein, ebenfalls von WP und auch hier lag der Federweg bei 300 mm.

Ein Ableger der R 900 RR Werksmaschine, die Extrem-Enduro HP2 (der Name war von HPN abgeleitet), wurde von 2005 bis 2008 als Sondermodell angeboten.

DIE MACHER HINTER DEN DAKAR-ERFOLGEN DER GS

Interview mit Dietmar Beinhauer

Dietmar Beinhauer ist Jahrgang 1942 und trat 1976 in die Motorsportabteilung der BMW AG ein. Zwischen 1978 und 1986 leitete der Diplom-Ingenieur die Rennabteilung von BMW Motorrad. Nach dem Dakar-Projekt war er ab 1986 verantwortlich für das Fahrertraining. Obwohl er 1999 offiziell das Unternehmen verließ, war er weiterhin als freier Instruktor dafür tätig.

Wie kam 1978 das erste BMW-Geländesport-Team zustande?

BEINHAUER: Ich kam 1976 zu BMW – eigentlich mit dem Auftrag, die Teilnahme an Langstreckenrennen zu fördern. Aber dieses Vorhaben kam jedoch nie richtig ans Laufen. Dann entstand die Idee mit der G/S und wir wollten das Konzept im Sporteinsatz testen. So stellte ich um den ersten Prototypen eine Mannschaft zusammen und wir unternahmen einen Versuch bei einem Meisterschaftslauf.

Nach den nationalen Titeln begann dann das Paris-Dakar Abenteuer ...

Da die heutigen Dakar-Regeln Zweizylinder ausschließen, bleibt die R 900 RR bis heute die ultimative Paris-Dakar GS von BMW.

BEINHAUER: BMW France bat uns 1980, zwei Motorräder für Fenouil und Auriol zu bauen. Ich war als Beobachter zugegen und war sofort vom Dakar-Virus infiziert. Fenouil wurde Fünfter und wir beschlossen, im nächsten Jahr ein Werksteam einzusetzen. Denn eigentlich hätte Auriol auch gewonnen.

1984 war ein besonderes Jahr mit einem Zweikampf zwischen zwei BMW-Fahrern. Wie war das Verhältnis zwischen Hubert Auriol und Gaston Rahier?

BEINHAUER: Wenn man zwei ausgesprochene Rennpferde im Stall hat, dann kann es schwierig werden. Rahier kam als dreimaliger Moto-Cross Weltmeister ins Team, während Auriol bereits zwei Siege für uns eingefahren hatte und immer wieder sein gutes Streckengefühl unter Beweis stellte. Davon profitierte Rahier. Er folgte Auriol und überholte ihn immer kurz vor dem Ziel. Hier musste ich einschreiten. Ich sagte zu Rahier: „Du bist der bessere Fahrer, aber mach´ nicht den Fehler und bring‘ Auriol nicht um den Etappensieg. Alles was zählt ist, dass Du am Ende gewinnst." Und genau das machte er. Auriol fühlte sich bereits als Sieger, aber in den letzten beiden Tagen überholte ihn Rahier.

Zwei Weltklassefahrer – und wie verhielt es sich mit dem Motorrad?

BEINHAUER: Unser Boxer-Motor war durch seinen Aufbau und seine Kühlung bestens dafür geeignet. Unser größtes Problem im Jahr 1980 war der feine Wüstensand, der praktisch in jede Ritze kroch. Um das zu lösen, musste ich zurückdenken. Im Krieg hatten die in Afrika verwendeten BMW R 75 Luftfilter auf dem Tank. Wir bauten das nach und es funktionierte. Die Motoren liefen absolut problemlos.

Interview mit Berthold Hauser

Berthold Hauser leitete 1999 die Rückkehr von BMW mit einem Boxer-Motorrad zur Dakar. Er ist 1956 geboren und begann 1981 seine Karriere bei BMW. Der Diplom-Ingenieur durchlief verschiedene Stationen in der Entwicklungsabteilung von BMW Motorrad und wurde schließlich Leiter der Versuchsabteilung für Fahrwerke und Fahrzeuge. Seit 1999 ist er Motorsport-Direktor von BMW Motorrad und war 2010 verantwortlich für den Geländesport und das Superbike-Projekt.

Nur ein Jahr nach der Rückkehr im Jahr 1998 siegte BMW bei der Paris-Dakar. Was ist das Geheimnis dieses Erfolgs?

HAUSER: Mit der F 650 als Basis hatten wir bereits ein hervorragendes Motorrad, dass natürlich noch entsprechend modifiziert werden musste. Und im Rennen waren wir einfach besser als unsere Konkurrenten. Der Staub, den Dietmar bereits erwähnte, dringt fast so penetrant wie Wasser in sämtliche Bauteile ein, aber unsere Konstruktionen waren eben deutlich besser abgedichtet als die vieler anderer.

Wie hat sich die Rallye Paris-Dakar über die Jahre verändert?

HAUSER: Die Motorräder wurden leistungsstärker und schneller und die Anforderungen an die Maschinen und die Fahrer sind exponentiell gestiegen. Natürlich wurden auch die Fahrer besser. Und mit dem gestiegenen Ansehen sind auch die Ansprüche gewachsen.

BEINHAUER: Als wir zu ersten Mal dabei waren, hatte noch niemand etwas von der Dakar gehört. Nach zwei Siegen merkte man, dass diese Erfolge unsere Wahrnehmung in der Öffentlichkeit deutlich verbesserten. Unser Budget wuchs gleichermaßen, so wie auch die Anzahl unserer Fahrer. Aber das ist noch kein Vergleich zu Deiner Zeit, Berti …

Hauser: Das stimmt. Für uns war es ein riesiges Vorhaben. Schon die Service-Mannschaft bestand aus mehreren Motorrädern, Autos und Lastwagen. Jeder transportierte Ersatzteile und musste entsprechend registriert sein. Insgesamt waren wir 30 Personen.

BEINHAUER: Bei unserem letzten Einsatz waren wir 17.

Wie kam es zum Vierfach-Erfolg im Jahr 2000?

HAUSER: Wir wollten wieder mit den 650ern gewinnen und ließen die Boxer einfach parallel mitfahren. Die Streitfrage vor der Rallye war: Erhöhen wir die Motorleistung oder dichten wir den Motor so ab, dass nicht einmal ein Staubkorn den Weg hinein findet? Die Diskussion entfachte einen wahren Glaubenskrieg in der Abteilung. Ich traf dann meine Entscheidung: Haltbarkeit zuerst. Wir dichteten die Luftfiltergehäuse ab und die vorhandene Motorleistung sollte reichen. Das war die absolut richtige Entscheidung. In den ersten Etappen lag eine Kohorte KTM-Fahrer vor uns – und ich begann mir richtig Sorgen zu machen. Sie waren unglaublich schnell, aber dann fielen sie nach und nach aus. Ha! Und am Ende waren die vier BMWs vorn.

Und heute?

HAUSER: Wir sind weiterhin im Geländesport tätig, aber nicht mehr in Wüstenrennen. Die Paris-Dakar wird nun in Südamerika ausgetragen. In Afrika findet auch eine neue Veranstaltung statt. Niemand weiß, was passieren wird. Deshalb sieht BMW Motorrad gegenwärtig von einem Engagement in dieser Sache ab.

Was sind Ihre schönsten Erinnerungen?

BEINHAUER: Ich denke oft an den Sieg bei der Baja. Helmut Pohl und ich waren die Servicemannschaft, die an der Rallye mit Serien-G/S teilnahmen. Wir fuhren über 1600 km – mehr als die eigentlichen Teilnehmer zurücklegten – mit allen Ersatzteilen in unseren Rucksäcken. Am Ende waren wir total fertig – aber absolut begeistert.

HAUSER: Mein schönster Moment war, als ich 2000 vor den Pyramiden in Kairo stand, nachdem ich die ersten Vier in den BMW-Farben ins Ziel begleitet hatte. Ich konnte es nicht glauben. Diese Erfahrung berührt mich heute noch.

KAPITEL 11

Abenteuerlust

Für ein Motorrad kann es keine bessere Bestätigung geben, als eine eigene Motorradgattung zu prägen und dafür noch als Namensgeber zu dienen. „Abenteuer-Motorräder", hubraumstarke Enduros gebaut für Weltreisen über Stock und Stein, sind eine der Motorrad-Erfolgsgeschichten der letzten 20 Jahre. Dieser Name entstand mit dem Erscheinen der ersten BMW R 1150 GS Adventure. Diese Adventure war wiederum beseelt von der Ur-R 80 G/S von 1980 und deren Nachkommen. Hinzu kam eine steigende Zahl von Fahrern, die herausgefunden hatten, dass es sich hier um die ideale Maschine für Langstreckenreisen in ferne Länder handelte.

Ohne Zweifel führte der weltweit im Fernsehen übertragene „Long Way Run", die Umrundung des Erdballs von Ewan McGregor und Charley Boorman auf ihren BMW R 1150 GS Adventure, zu einer enormen Steigerung der Nachfrage nach solchen Motorrädern. Allerdings waren die beiden Briten nicht die ersten Fahrer, die auf einer BMW eine Weltreise unternahmen.

Hans Tholstrup, ein gebürtiger Däne, der seit 1965 in Australien lebt, hatte bereits 1974 die schnellste Weltumrundung auf einem Motorrad (ebenfalls eine BMW) zurückgelegt und unternahm 1981 auf der Ur-R 80 G/S die gleiche Reise. Er war einer der ersten Motorrad-Globetrotter, der einer G/S für ein solches Vorhaben vertraute.

Ein weiterer Fahrer war der legendäre Abenteuerreisende Helge Pedersen. Der norwegische Fotograf kaufte 1981 eine neue R 80 G/S und nannte sie liebevoll „Olga". Bevor er zu seiner Weltreise aufbrach, rüstete er Olga mit einem 40-Liter-Tank und einem Gepäcksystem aus. Dann reiste er zehn Jahre lang kreuz und quer durch die Welt und legte dabei über 320.000 km zurück. Seine dabei entstandenen Reiseberichte, Bilder und Bücher wurden Stoff für eine Motorradlegende. Besonders sein Buch „10 Years on 2 Wheels" war das Standardwerk für Abenteurer und solche, die es werden wollten. Olga bekam 1994 einen Ehrenplatz im BMW-Museum und im Gegenzug für diese Spende erhielt Pedersen einen nagelneue R 1100 GS, mit der er seine Reisen fortsetzte. Bei den Feierlichkeiten zum 30. Geburtstag der GS machte er sich über sie Gedanken:

GEGENÜBERLIEGENDE SEITE: Sie waren zwar nicht die Ersten, aber die medienwirksamen Abenteuerreisen „Long Way Round" und „Long Way Down" von Charley Boorman und Ewan McGregor rückten die GS als das ultimative Abenteuer-Motorrad in den Vordergrund.

Der norwegische Fotograf Helge Pedersen reiste auf einer R 80 G/S mit dem Spitznamen „Olga" durch die Welt.

„Seit 1981 fahre ich GS-Motorräder. In all den Jahren ist mir kein vergleichbares Motorrad begegnet. Als ich Olga 1981 kaufte, stand sie weit über ihren Konkurrenten – besonders

Kein anderes Reisemotorrad wurde mehr gefeiert.

hinsichtlich der Qualität – und sie war überhaupt das erste Motorrad, mit dem weite Abenteuerreisen möglich waren. Seitdem wurden die GS-Modelle kontinuierlich weiterentwickelt und waren in Sachen Technik immer führend. Für mich ist die GS weiterhin einzigartig und bleibt ohne Einschränkung das beste Abenteuer-Motorrad.
1988 befuhr ich mit Olga in 20 Tagen den Tapón del Darién, die letzte Lücke in der Panamericana zwischen Kolumbien und Panama über eine Länge von ca. 125 km.
Es war eine fürchterliche Fahrt auf Pfaden der Ureinwohner quer durch den tiefsten Regenwald. Ich brach mir dabei eine Hand und einige Rippen, hatte entzündete Beine von Insektenstichen und wurde von Killerbienen attackiert.
Olga hat mich auch unter diesen extremen Bedingungen nie im Stich gelassen. Das macht sie so unvergleichlich.
Es war ein trauriger Tag als Olga durch ihre Nachfolgerin ersetzt wurde. Olga war immer eine treue und zuverlässige Begleiterin. Mit diesem Motorrad erlebte ich mehr als mit irgend einem Menschen. Aber als ich meine neue rote R 1100 GS erhielt, war ich überrascht von ihrer Behändigkeit, Leistung und Technik. Es war eine neue Dimension des Motorradfahrens. Einfach großartig."

Der wohl berühmteste deutsche Motorrad-Weltreisende ist Michael Martin. Seit 1992 hat der geborene Münchner mit der BMW GS zahlreiche Expeditionen unternommen. Er begann mit einer R 100 GS, stieg 1994 auf eine R 1100 GS um, mit der er die Nilquellen erkundete und durchquerte 1998 alle afrikanischen Wüsten. Von 2000 bis 2004 bereiste er mit einer 1150 GS die Wüsten der Welt und seit 2009 ist er mit einer 1200 Adventure unterwegs. Seine Fahrten und Abenteuer füllen mittlerweile 15 Bücher.

Nach Meinung von Michael Martin „steht die GS für Zuverlässigkeit, Robustheit und Fahrfreude. Sie ist bestens geeignet für alle Wüstenanforderungen – von tausenden Kilometern auf Teer bis hin zum Surfen über Dünen. Der GS machen weder Hitze noch Kälte etwas aus. Selbst bei 50 °C Lufttemperatur auf den anspruchsvollsten Pisten überhitzt der Motor nicht und auch bei -20 °C springt er ohne zu Mucken sofort an. Auch beim Fahren in großen Höhen über 5000 m und mit minderwertigem Kraftstoff im Tank ist auf die GS immer Verlass."

Ebenfalls aus Deutschland stammt Doris Wiedemann, die 1967 in München geboren wurde und ebenfalls 15 Jahre auf einem Motorrad um die Welt fuhr. Mit ihrer ersten GS, einer R 100 GS, bereiste sie Nordeuropa, Australien und Afrika.

Auf ihrer Taiga Tour 2001 durchquerte sie Russland, Korea und Japan. Vier Jahre später wechselte sie auf die kleinere F 650 GS Dakar mit Einzylinder-Motor und fuhr damit über die Mongolei nach China. Mit einer F 800 GS reiste sie zuletzt quer durch Amerika.

Michael Martin ist wohl Deutschlands berühmtester Motorrad-Abenteurer. Mit verschiedenen GS-Versionen hat er zahlreiche Expeditionen unternommen.

Doris Wiedemann hat 15 Jahre lang mit verschiedenen BMW-Motorrädern die Welt bereist.

Mit ihrer BMW R 100 GS hat die britische Weltreisende Tiffany Coates über 280.000 km zurückgelegt!

Das britische Ehepaar Kevin und Julia Sanders erhielten für ihre Heldentaten mit BMW GS-Modellen zwei Einträge in das Guiness-Buch der Rekorde.

Wiedemann schätzt alle ihre GS-Modelle: „Meine GS sind immer für mich da. Sie sind wahre Freunde – sowohl zu Hause als auch in der großen weiten Welt. Und selbst wenn sie eine kleine Panne haben sollten, zum Beispiel einen Plattfuß, dann ist es nur, weil in der Nähe nette Leute sind, die ich kennenlernen sollte."

Während McGregor, Boorman, Pedersen und Martin in der Regel auf den neuesten Modellen unterwegs waren, bleiben etliche Abenteurer den altgedienten Zweiventil-Boxern treu. Der österreichische Triathlet Felix Bergmeister unternahm zum Beispiel mit einer BMW R 80 GS Basic eine Weltreise. Auch die britische Motorrad-Reisende Tiffany Coates hat kein Bedürfnis, ihre 18 Jahre alte BMW R 100 GS auszutauschen, mit der sie über 280.000 km durch alle Kontinente gefahren ist.

Am meisten gefeiert von allen Verwegenen wurde vielleicht das britische Ehepaar Kevin und Julia Sanders, die mit ihren Heldentaten auf BMW GS Modellen zwei Einträge in das Guiness Buch der Rekorde schafften. Zuerst umrundeten die beiden im Juni 2002 den Globus auf einer R 1150 GS in 19 Tagen, 8 Stunden und 25 Minuten. Die über 31.000 km lange Strecke bewältigten sie mit einem Schnitt von etwa 1600 km pro Tag und brachen damit den bisherigen Rekord um volle 12,5 Tage.

Im darauffolgenden September fuhr das Paar auf einer R 1150 GS Adventure der Länge nach in 35 Tagen durch den amerikanischen Kontinent. Wieder wurde der bisherige Rekord eingestellt, dieses Mal auch um über 12 Tage. (Eventuellen Nachahmern sei gesagt, dass solche Reisen nicht mehr in das Guiness-Buch aufgenommen werden).

Hier gibt's
Lesefreude!
April 2017
MOTORSCHÜTZER
SÜDFRANKREICH & USA
MOTORRAD NEWS
LICHTGESTALT
KTM 1290 SUPER ADVENTURE
PAUKENSCHLAG AUF PHILLIP ISLAND
SUZUKI GSX-R 1000 R
TEST Yamaha MT-125
TEST BMW R 1200 GS
DUCATI SUPERSPORT
MAXITEST BRITISH STEEL
KRAFTKUR
TRIUMPH STREET TRIPLE
CHARME-OFFENSIVE
TRIUMPH BOBBER
MEILENSTEIN
MOTO GUZZI 750 S3
NEUE SUPER-NAKEDS
YAMAHA MT-09
Jeden Monat NEU
1/2017
KURVE
Klassische Motorräder
Historische Meisterschaft
Ein Sonderheft von MOTORRAD NEWS
GROSSES SPECIAL
Hochleistungs-Zweitakter
BONHAM-AUKTION
Million-Dollar-Bikes
BMW R90S
DIE LEGENDE
PLUS:
4x jährlich
Nr. 158
März | April 2017
MOTORRAD
GESPANNE
FAHRBERICHT:
LBS-HONDA
VT 1100 C / BOXER
VORSTELLUNG:
MÜLLER-BMW
VORSTELLUNG:
VORSTELLUNG:
KALICH-BMW
Alle zwei Monate NEU
Im gut sortierten Zeitschriftenhandel sowie im Abo erhältlich!
Weitere Infos: www.motorrad.net
Die Titel sind Zeitschriften der Syburger Verlag GmbH, Hertinger Str. 60, 59423 Unna, Tel. 02303 98550, info@syburger.de.
Geschäftsführer: Ulf Mommertz, Dr. Michael Werner. Amtsgericht Hamm, HRB 3216.